海蓝博士的情绪梳理必修课

不完美，才美 III

海蓝博士 著

做自己情绪的主人

北京联合出版公司
Beijing United Publishing Co.,Ltd.

海蓝博士

《不完美，才美》系列图书作者

情绪管理与幸福专家

海蓝幸福家创始人

中国家庭教育学会常务理事

复旦大学医学博士

美国得州贝勒医学院神经科学博士后

美国范德堡大学皮博迪教育学院和人类发展学院心理学硕士

中国抗挫力训练总设计师

"静观自我关怀"全球首位中国师资培训师

2018 中国十大品牌女性之一

出身医学世家，拥有 20 余年医学领域科研和工作经验，20 年身心健康领域工作经验，具有深厚的科学基础和学术背景，同时兼具丰富的临床咨询和团体培训经验，是一位理论与实务兼具的身心健康专家。

在博士后学习期间，她发现身体产生疾病的很大原因是情绪带来的困扰，而情绪困扰的核心则来源于关系的不和谐。为了能从根源上帮助更多人，她38岁时义无反顾转行学习心理学，成为美国范德堡大学皮博迪教育和人类发展学院心理学硕士。

在美期间，她为美国最大的心理健康机构Centerstone设计和建立了移民和难民服务项目，为来自世界32个国家的移民和难民提供危机干预和创伤治疗，并获得2005年度田纳西州心理健康杰出项目奖。

2008年汶川地震后，她驻扎灾区服务三年，带领团队为40多所学校的几万名师生进行危机干预、创伤治疗、压力管理、青少年抗挫折能力等培训和服务。由其担任总督导的中国青少年发展基金会"5·12心灵守望计划"被评为"中华慈善奖最具影响力慈善项目"。

2012年应阳光媒体集团董事局主席、著名媒体人杨澜女士的邀请，担任"天下女人幸福力课程"首席专家导师，先后影响40多万人的成长和改变。

2015年，创立"海蓝幸福家"，本着"授人以鱼不如授人以渔"的理念，她探索并逐步建立了一套不断完善的幸福力同伴教育体系。在全球神经科学、心理学和现代身心医学的最新理论和实践基础之上，以生命影响生命的方式，帮助普通人成为自己的、家庭的、职场的、社会的幸福教练，用爱点亮自己，用爱点亮家庭，用爱点亮世界。

自 序
Preface

不学会处理情绪，
既不能善待自己，也不能善待他人，
更不会好好活在当下

成功不等于功名利禄

古往今来，很多人认为有了功名利禄，才算成功，才能幸福。现在有这种想法的人仍然非常多。当然，这种说法从某种意义上来讲，也不算错。

但是，我认为这种认知是有偏差的。

比如人们常说的"吃得苦中苦，方为人上人""学海无涯苦作舟""先苦后甜"……对这些名言、俗语的盲目推崇，让我们的思想陷入了一个长期误区——想成功就应该一直吃苦。换言之，吃了苦就能成功，如果没成功，那就是吃的苦还不够。

所以许多人也都把"吃得苦中苦，方为人上人"奉为成功信条。大家苦苦地奋斗着，就是为了等着某个好日子出现，等着预期的曙光照亮眼前。但事实又是怎样的呢？许多人苦熬了几年乃至几十年后，所谓的好日子仍旧没有出现；更糟糕的是，有些人在苦熬的这些年里甚至连命都熬没了。还有的人终于苦尽甘来（比如公司上市了，成名了），却发现内心非常空虚，并没有感到预期的幸福。

其实，我们所谓的功名利禄，得到后到底能给人带来多少幸福和快乐呢？现在更多的科学研究发现，物质财富和地位上的成功，并不是让人长期幸福的源泉。简单点儿说，即便获得了功名利禄又怎么样？衣食无忧，衣锦还乡，得到人们的赞美甚至仰望，似乎风光无限，一切尽在掌握，可是，这样的时刻能持续多久？这是你真正想要的生活吗？你在人后的疲惫、空虚、茫然甚至抑郁，用什么来填补？想想夜深人静无人喝彩时，自己真的有发自心底的自由、快乐与幸福吗？

美国一项对 242 位企业家的心理健康调查研究发现，49% 的CEO 都曾经出现过不同程度的心理疾病，其中抑郁症占到 30%，远远高于一般大众 7% 的患病率。过度疲劳、焦虑、焦躁、抑郁……这些都是创业（或者事业有成）附赠的"礼物"。

我们常常预设一个结果，却忘了享受过程，努力大半生，快乐几小时……所以亲爱的，幸福从来不在远方，别让自己迷失在通往辉煌的途中。

自序
不学会处理情绪，既不能善待自己，
也不能善待他人，更不会好好活在当下

幸福不要等到以后

汶川地震后，我驻扎灾区做心理创伤救助时遇到过两件事，令我印象非常深刻。

一个八岁小男孩，有天他跟爸爸要颗糖吃，但他爸爸说吃糖会把牙齿弄坏，所以不能吃。后来这个孩子又让爸爸带他去钓鱼，但他爸爸因为忙着打麻将也没答应。结果不久后就发生了地震，孩子在地震中失去了生命。

孩子的爸爸怎么也想不到会发生这样的事，他觉得孩子才八岁，一辈子长着呢，以后什么时候都可以吃糖，什么时候都可以去钓鱼……

但到最后，等来的是永远失去了孩子。父子间的幸福生活瞬间没了，孩子的爸爸现在特别伤心，也特别后悔自己当时没有满足孩子小小的愿望，总以为来日方长，但一切都不复再来。

还有一个十三四岁的小姑娘，学习努力，生活上也很节俭。她爸爸是一名老师，一心想把女儿培养成才，将来要出人头地。所以他对女儿要求非常严格，不许打扮，不许玩，就是一门心思地学习。为了让女儿得到更好的教育，后来这位爸爸把女儿转学到了离家比较远的好学校就读。没多久，小姑娘就跟爸爸说，她不想去那儿，想转回来，但爸爸没有同意，说在好中学才有可能考上好大学。

再后来经历了地震，爸爸再次见到女儿的时候，她浑身是伤，安静地躺在存放死难者的地上，早已没了呼吸。

当爸爸看到女儿变成这个样子时，痛不欲生，他无法原谅自己；想到孩子在她短短的十三四年的生命中，居然只有学习，几乎没有享受过童年、少年应有的快乐，他被无尽的悔恨、自责淹没，最后陷入抑郁，难以释怀。

目睹今天许许多多的父母，仍然沉浸在"孩子青春年少，快乐来日方长"的观念中，忽略孩子当下的天性需求，这真是令人扼腕叹息。

其实，无论是平民百姓也好，明星也好，企业家也罢，大家成天都忙忙碌碌，好像都是为了将来能过上好日子。但成天忙忙忙，付出了最好的年华，付出了陪伴孩子长大、陪伴父母老去的最好时光，付出了身心的健康。日子一天天过去，到底哪天才是好日子？

现在，大家都在盼着所谓的好日子到来，即使最后所谓的好日子到了，孩子也长大了离开家了，爱人的心也凉了，自己身体也开始垮了，"苦熬的忙碌"换来的不一定是成功，更大的可能反而是悔不该当初……

事实上幸福不需要等待，享受当下和准备明天并不是非此即彼的单项选择。

幸福和成功的六大能力，
条条指向"情绪管理才是幸福成功的最核心能力"

我最近在看一本讲述如何通往幸福的书——*The Happiness Track*，作者是斯坦福大学 Emma Seppala 教授，她在书中总结了近年来关于决定一个人幸福和成功的核心要素的最新研究结果：通向幸福和成功的六个关键能力。

1. 活在当下
2. 抗挫折能力
3. 让自己处在平静的状态
4. 给自己闲暇的时间
5. 善待自己
6. 关怀他人

任何一个人若不能把情绪处理好，就不可能好好地活在当下，也无法让自己处在平静的状态；既不能善待自己，也不能关怀他人；即便闲暇之时，心中也会一直翻腾着后悔过去、担心未来、不满今天的情绪，并深陷其中；当然也很难拥有抗挫折能力。所以我认为：情绪决定健康、决定幸福、决定生死。

人是特别容易受情绪影响的，比如说某天晚上，孩子对你说他不想去上学了，你大发雷霆，他满脸泪水，非常悲伤，接下来的几天或更长的时间你都闷闷不乐；出行时遇到堵车，老半天也走不动，本来心烦气躁，突然接到领导电话，得知你得奖了，还有奖金，你估计自己心情会咋样？肯定觉得堵车根本不是什么事儿了。

实际上，驱动我们人生幸福的第一要素不是别的，就是情绪。很多时候我们可能不是真的想要达到一个目标，而是在情绪的驱使下，为了向别人证明自己——证明给父母、朋友、领导、爱人看，甚至证明给很多年前曾经拒绝你的恋人、贬低你的师长或同辈看。还有很多时候，我们自己都不明白，为什么负面情绪会一触即发；为什么那样苛责自己，不允许自己出错、失败；为什么自己越来越像一只被抽得高速旋转的陀螺停不下来？

《不完美，才美》三部曲：从战略到战术，帮你创建幸福

在这样的环境背景、生活节奏、观念的影响下，如何获得活在当下、提高抗挫折的能力？如何让自己处在平静的状态，给自己闲暇的时间，善待自己，关怀他人呢？

在我的第一本书《不完美，才美》中，主要讲了生活中各种各样的关系对我们人生的影响，包括如何处理与爱人的关系，与孩子的关系，职场关系——如何善待他人，善待自己，如何提高抗挫力，等等。

第二本书《不完美，才美Ⅱ》讲了情绪对我们生命的影响，里面谈到了情绪梳理七步法和自我关怀，主要讲述了情绪梳理的理论概念和方法的框架，旨在通过宏观的角度来探讨情绪问题。其中重点介绍了哈佛大学心理学家 Christopher K. Germer 和得州大学 Kristin Neff 教授联合创立的"静观自我关怀"（Mindful Self-Compassion）。

"静观自我关怀"教我们如何培养通过善待自己、安抚自己的情绪、活在当下的能力，使我们即便面对生活中的各种不如意，也能够不被情绪卷走，不迁怒于他人，让自己平静下来。在上班的路上，依然能够听到小鸟在啁啾，看到路上的鲜花绽放，看到

蓝天和云彩；回到家中，依然能够感受亲情的温暖和饭菜的香甜。这就是觉察此刻，专注于此刻，活在当下。

而这本书里，我希望大家能够通过真实的案例，了解日常生活中，一个个的情绪到底为什么发生，它们的危害是什么，对我们的生活和工作造成的具体影响是什么，以及碰到这些情况我们应该如何化解。

12 堂情绪梳理课，给你方向，也给你操作的方法

我希望大家通过观摩实际案例的梳理与解构，以及案例中所演示的应对各种情绪的具体方法和步骤，收获有效梳理情绪的方法——一看就懂，一看就会用，一用就有效。

说到这本书的由来，其实有一个小故事。

2017 年，我在网上做了一个调研——"最影响你的情绪，最常见的困扰你的问题是什么"，然后，我选取了其中得票最高的 12 种情绪，结合现实生活中的真实案例，做成了十点课堂《揭开情绪的真相，把握关系中的主动权》的 12 堂情绪管理视频课。

去年我在上海讲课的时候，遇到一个姑娘，是一个美丽能干的警察。课间的时候，她拿出厚厚的一本手打的"书"，竟然是我在十点课堂 12 堂视频课的全部讲义逐字稿，以及每节课之后的探索练习，而且每一页都做了不同颜色的重点标注。我问她为什么要自己制作这样一本"书"，她说光看视频课是不够的，做成书，

就能随时翻阅学习了，而且只有真的按照课程的方法去践行，才算真的"学习"到了。这让我非常感动。

从人获得知识的科学路径来看，我深知，绝大多数人获得知识的最有效路径是阅读。这就更加坚定了我将这本书打磨成一本简洁有效的自助式工具书的愿望，以帮助读者可以随时随地学习，也可以促进视频课程的用户反复学习。

本书可以结合十点课堂《揭开情绪的真相，把握关系中的主动权》的视频课来学习。通过讲解和演示 12 种常见情绪的具体梳理方法，你会了解到自己的情绪为什么发生，它的危害是什么，它对人的影响是什么，我们要如何解决。比如，通过学习你会知道愤怒是什么，你为什么会愤怒，愤怒对你的影响是什么，以及你可以怎么解决。

最好的学习是模仿，最好的老师是自己

书里采用的案例全部是真实案例，事先没有脚本，呈现的就是生命和生活本来的样子。我们根据现场梳理的录像整理了逐字稿，原样呈现，让读者产生共鸣，联想到自己，联系到实际，再对案例的关键环节进行点评和剖析，帮助读者从个例中了解规律，从他人的故事反观自己情绪的误区、情绪的创伤以及情绪的源头。

现实中，你跟人讲道理很多时候是很难的，人一般只听自己的道理。但一看真实案例，一下子都被触动，就会知道是怎么回

事，自己就想通了。自己想通的道理才是真正会用的道理。这样，既能解决当下的情绪创伤，又能触类旁通，防患于未然。

现在有很多书是在讲解概念和方法。概念和方法也很重要。但概念和方法是别人总结的东西，不容易用在自己身上。就好像你从来没有做过木匠，我送你一套特别精美的木匠工具，然后让你去做家具，你能做出来吗？不能，因为你根本不知道怎么用这些工具，怎么做家具呢？即便给你最先进、最现代、最高科技的工具，也没有用。

每个人最好的老师，其实就是自己。每个人都是独一无二的，每个人的经历也都是一条与众不同的道路，我们真正要学习的东西，不是专家总结的，而是自己总结的结果——自己总结出来的才是对自己最有效的。

我成立海蓝幸福家，就是为了用一种易学、易懂、易用、易传播的方式，帮助每个人成为自己的幸福教练，不仅知道原理，更可以上手操作，真正用在生活里，让自己活出幸福的样子。

就像学习做木匠一样，跟着师傅学习各种工具具体怎么用，学习、观摩、模仿，并反复练习。人最快的学习方式是模仿。在模仿中不断练习解决碰到的问题，千万次地练习、学习，慢慢就真学会了，而且熟能生巧，方法也会越来越多。

本书中大量的真实案例，不是理论，而是一个个鲜活的生命真实地呈现。他们涉及生活的方方面面，相信总有一个片段能触及你的内心深处，对你有所启发。

我认为，一个人真正的改变始于被感动、被触动的那一刻。能够让人感动的东西一定是触及心扉的，而触及心扉的东西，一定是真实的。

距离《不完美，才美Ⅱ》出版已经两年了，特别又经历了2018年——有许多变化和起伏的一年。我希望这本书，能够在新的一年里，帮助你在千万次的践行中，真正学会处理自己大大小小的情绪，不是对抗、逃避和压抑，而是把情绪当作通向幸福的路标和入口，与它们友好和谐地相处，从而能够拥有持久的内心宁静与和谐。

当我们真正能够给自己留时间去梳理内心起伏不定的情绪，让自己平静下来的时候，我们就会深切地懂自己、懂他人，就会与己、与人、与整个宇宙有了温暖相连的空间；这个空间会使我们有更多的创造力，更能够善待他人，善待自己，善待周围的一切。

冰逸

peace & love

2019 年 1 月 18 日

| 第一堂课 |
如何控制住你的坏脾气——剥洋葱法

目录
Contents

|第二堂课|

什么是最适合你的工作——价值驱动法

| 第三堂课 |

如何做出符合内心的选择——指南针选择法

| 第四堂课 |

如何缓解你的社交压力——自我陪练法

| 第五堂课 |

如何应对生活中的担忧和焦虑——担忧拆弹法

| 第六堂课 |

如何化解你的金钱压力——拨云见日三步法

| 第七堂课 |

如何将自卑转化为自信——自我探索六步法

| 第八堂课 |

怕被拒绝，如何勇敢 say no

| 第九堂课 |

找到适合自己的爱人——"5+3"标本兼治法

| 第十堂课 |

失爱后的"柳暗花明法"——如何放下前任

| 第十一堂课 |

如何滋养你的亲密关系
——懂得爱的"三要三不要"

| 第十二堂课 |

如果生命只剩三个月，
你最想要什么——幸福的五大要素

on

第一堂课

Lesso

1

如何控制住你的坏脾气
——剥洋葱法

当你面对负面情绪时，

如何最快调整、安抚自己，

不伤害自己，也不伤害他人？

如何让自己的内心更强大？

一、关于负面情绪，你最想解决哪一种

你的坏脾气是否说来就来呢

我曾经发起过一项调查——关于应对情绪，你最想听哪三堂课？调查结果是"控制不住自己的脾气"排名第一。

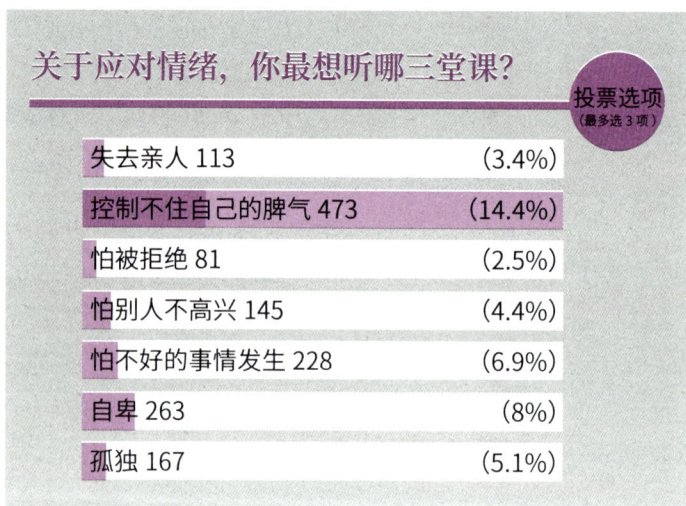

关于应对情绪，你最想听哪三堂课？

投票选项
（最多选 3 项）

选项	票数	百分比
失去亲人	113	(3.4%)
控制不住自己的脾气	473	(14.4%)
怕被拒绝	81	(2.5%)
怕别人不高兴	145	(4.4%)
怕不好的事情发生	228	(6.9%)
自卑	263	(8%)
孤独	167	(5.1%)

"控制不住自己的脾气"是我们每个人身上都会发生的事。它不仅会破坏人们彼此之间的关系，还会对身心健康造成严重的损伤和破坏。

对女生来说，生气就像毁容，会使皮肤长痘、月经失调、面色灰暗等；还会导致胃疼、头疼、胸闷等。

几千年前，《黄帝内经》就有记载：怒伤肝，喜伤心，思伤脾，忧伤肺，恐伤肾。但是在生活中，偏偏有人就像炸弹，稍不顺心就会脾气爆炸、大吵大闹、出口伤人……尤其对孩子、爱人、父母等亲近的人，我们更容易发脾气；发完脾气后又很后悔，但下一次依然忍不住，如此恶性循环，苦不堪言。

关于发脾气，我听到很多人是这样说的：

第一，我就是会对特别亲近的人肆无忌惮地发火，越亲密，越无顾忌。

第二，不知道为什么，鸡毛蒜皮的小事儿也会让我火冒三丈。

第三，我知道生气不好，大道理我也懂，但就是改不掉。

人的脾气真的是无法控制的吗

有人说，要学会克制和压抑自己的情绪。但是，这种方法往往只是暂时解决了表面问题，真正的问题并没有得到解决。情绪积压久了，就会变成不定时炸弹，说不定什么时候就会被触动，猛然爆炸，结果害人害己。

我们先来看一下琳琳和刚子的故事吧，这是一个小事导致分手的事件。

　　某天下午三点，琳琳跟男朋友刚子约好见面，她希望男朋友这次不要再迟到了。可随着时间一分一秒地流逝，琳琳越来越焦躁，于是就给男朋友发了条微信："亲爱的，你到了没有啊？"

　　很快她就收到了男朋友的回复："快了快了，已经出发了。"

　　眼看就要三点了，可男朋友还是没有出现，这也太慢了。

　　琳琳："你到哪里了，都已经三点了。"

　　刚子："快了，快了。"

　　说好的时间，怎么还没到？琳琳索性拨通了刚子的电话。

　　琳琳："喂，刚子，你究竟到哪儿了？都超过十分钟了。"

　　刚子："我就在附近了。一会儿就到，一会儿就到哈，再等一下。"

　　琳琳："哼！"

　　琳琳虽然很生气，但还是继续等着男朋友。

　　刚子赶到后一眼就看到了琳琳，然后在琳琳对面坐了下来。

　　刚子："终于到了，本来我两点四十分就出门了，结果没想到大老板突然叫我加班，我也没办法拒绝，所以就耽误了一会儿。"

　　琳琳："加班加班，工作永远都被你排在第一位。我们一周就约一次，你还迟到，你到底有没有重视我们的感情？你有没有重视我？"

刚子："我错了，我错了。我跟你保证，下回不可能再有这种事，好不好？我发誓，我以后再也不迟到了，好不好？"

琳琳："哼，你都不知道发过多少次誓了！作为一个男人，你有没有一点儿担当？有没有点儿信用？可不可以诚信一点儿？动不动就发誓，我都开始怀疑你的人品了！"

刚子："不就是一次迟到吗，这跟人品有什么关系？你扯得也太远了吧。别任性了好吗？"

琳琳："我任性？你居然还反咬我一口！拜托，是你迟到好不好！一个连时间都不遵守的男人，我看也没啥出息。"

刚子："我没出息？就你有出息！你也迟到过好吧。上次我在冰天雪地里等你一个小时，我都快冻成冰棍了，你还没来。你为什么不好好反省你自己啊？你心胸也太狭隘了吧。"

琳琳："我心胸狭隘？你揪住一个女孩子的小毛病不放，还算什么男人？一个不懂心疼女人的男人，真是渣男！怎么？还想动手打人了？原形毕露了吧，幸好我发现得早。分手，免得以后遭家暴！"

二、不认清发脾气的三大误区，
##　　就会不断受伤

　　各位看到了吗，每天的生活中，有多少这样的案例不断上演？本来是区区小事，只因为我们找不到合理的情绪梳理方法，就采取了更极端的表达方式，生气、发脾气，结果呢？越闹越大，越来越僵，亲密的人终成陌路。

　　不知道各位发完脾气之后是什么样子呢？一般来说有两种情况：

　　（1）向内攻击，事后内疚、后悔，陷入自责的情绪当中；

　　（2）向外攻击，觉得自己没错，都是对方的错，不断指责、批评，死死揪住对方不放。

　　但不管是哪一种，都会对彼此造成极大的伤害和痛苦；严重的，甚至导致自杀、他杀等毁灭性的后果。

　　在这里，我想提醒大家关于生气的三大认知误区。

误区一：我控制不住自己，必须发泄

正确认知：控制不住是借口，更是对自己的无知。

我在上压力管理课时问大家："谁想分享自己关于生气的故事？"

一位企业管理者举手说，她最近带领团队冲刺一个重要项目，由于时间紧、任务多，大家压力都特别大。某天早上，她赶到公司，发现下属原本应该昨晚提交的工作报告并没有放在桌上，就立刻抓起电话，把那位通宵达旦加班的同事臭骂了一顿。

她说："海蓝老师，我就是忍不住，不得不发脾气。"

我问她，假如你面对的不是下属，而是你的重要客户，或者你的大老板，他们做了同样让你不满意的事情，你会立即发火么？

她停了停，说："不会。"

我又问她："你为什么不会呢？"

她说："那后果严重啊，所以不敢啊。"

我接着问："那你为什么敢对你的下属发火呢？"

她脸红了："那我是欺软怕硬？"

其实，绝大多数人都和这位企业管理者一样，容易对比自己弱势或亲近的人发火，不是控制不住，而是因为不知不觉中，早已在心中衡量过得失利弊了。所以，控制不住是借口，更是对自己的无知（如对自己的欺软怕硬毫无觉察）。

误区二：是别人惹我生气的，不是我的错

> 正确认知：没有人故意惹你生气，是你太把自己当棵葱，以为别人一切都是针对你。你真的想多了！

我给大家讲个故事，是关于我女儿的。

我女儿八九岁的时候，来参加我的一场近千人的关于如何教育孩子的讲座。讲座刚开始没几分钟，我看到场下有五六个小孩儿在那儿跑圈儿。现场的人都回头张望，大家都一脸疑惑，想问问这几个孩子到底是谁家的。请我来的人看看那群小孩儿，然后又看着我，因为他知道其中一个是我的女儿。

我当时非常尴尬，不知道该怎么办。在我还没有决定好怎么办的时候，我发现现场就剩下一个小孩儿还在跑。我定睛一看，是我女儿，她自己又跑了两圈。

我想问问，如果这件事发生在你身上，你会有什么感受？你会怎么办？

我在家长课堂上也经常会问大家这个问题。大多数人回答说，我会很生气，回去我会训女儿，甚至揍她。

那么，我是怎么做的呢？

那天回家以后，我就问我女儿："宝贝，今天跟妈妈一块儿上课，你觉得自己的表现怎么样？"

结果，我女儿说："妈妈，我觉得自己今天表现得特别棒！"

我又问："你什么地方棒了？"

她说："你看，在一个那么多人的大场地，我带着那么多小朋友跑了好几圈，谁都不敢，我敢。妈妈，你知道吗，我最棒的地方是他们谁都不敢跑了，我又跑了两圈。"

我当时对女儿讲："妈妈觉得你确实非常棒，你突破了自己。"因为她本来是一个比较害羞的孩子。我又说："但是你有没有想过，在那个场合下你那样做，对妈妈有什么影响？"

我女儿说没想过。

我就问她："那宝贝，你现在想想，会怎样？"

她想了一下后，脸色一下就变了，她说："妈妈，完蛋了，我们要住到街上去了。"

我问："为什么呢？"

她说："你想想看，你是上课教别人如何教育孩子的，大家一看，海蓝博士的女儿教育得也不怎么样嘛，你在上面讲课，自己孩子在下面瞎跑，那人家以后就不来听你讲课啦。没有人来听课的话就没人请你讲课了，那你就赚不到钱；赚不到钱的话，我们就没有地方住，那我们就得住街上了。"

其实，在我女儿的这个例子中，我们知道，她并没有有意地伤害我，她只是做了那个时刻自己特别引以为傲、突破自己的一件事。

那我们为什么要生气呢？我们生气是因为她伤了我们的面子。所以，**生气是因为我们的内心有很多的应该和标准，我们觉得别**

人做的事情、说的话应该符合我们的标准；当不符合我们的标准，伤害了我们的利益的时候，我们就会生气。

事实上，很多人的行为不是为了惹你生气，他们只是根据自己的需求和理解做事而已；他们不是在和你对抗，也不是难为你，而是你对他们的言谈举止的解读让你生气。

当我们觉得别人是在冒犯我们、不尊重我们、不认同我们、不喜欢我们、不顾及我们需求的时候，我们就会生气。

太多的时候，别人不是不顾及你，只是不懂或者没能满足你的需求而已。

没有人故意惹你生气，是你太把自己当棵葱，以为别人一切都是针对你，你真的想多了！所以，情绪归根结底在于我们自己如何看人看事，与别人没有任何关系。

误区三：发脾气不是什么大事情

> **正确认知：其实，亲密关系中真正的"杀手"不是小三，而是阴晴不定的情绪。**

我曾经和司法部门的朋友聊天。他痛心疾首地说："海蓝老师，关在监狱里的，多数并不是十恶不赦之人；其实只是控制不住自己的情绪，而犯下大错的人。"

许多人认为自己天生就是急性子、暴脾气、心直口快；甚至有人认为偶尔发发脾气、要点儿小性子是非常可爱的表现。

事实上，发脾气不仅不会让你更可爱，反而会使你身边的人感到旁边有一颗不定时炸弹。

很多人认为自己为了恋人、爱人做了很多事，自恃劳苦功高，因此就觉得有资格发脾气或者摆脸色。殊不知，你发一次脾气，就可能把过去所有的辛苦一笔勾销。

情绪无小事，从小处说，关乎身心健康、亲密关系、个人幸福；从大处说，事关生死。

就像曾经发生的云南女网红遇醉汉发生口角，招来杀身之祸，你能说生气是小事吗？

你或许会说这是特殊案例，生活中鲜有发生。事实上，我在多年身心健康工作中，处理过许多因为情绪失控而破坏亲密关系的案例。所以，我想特别提醒广大的女性朋友：**在亲密关系中，很多人都把小三作为底线。其实亲密关系中真正的"杀手"不是小三，而是阴晴不定的情绪。**

三、如何梳理坏脾气——剥洋葱法

情绪本身没有好坏，只有失控的情绪才是不好的

很多人说情绪是魔鬼，其实情绪也是守护我们的天使。

水是生命之源，也会吞噬生命；火给予人类温暖，也会烧毁万物。

那么你是否也可以说，水和火是魔鬼？

正面情绪告诉我们，现在的状态很幸福；负面情绪提醒我们，现在的状态正在偏离幸福轨道。情绪本身没有好坏，只有失控的情绪才是不好的。我们要学习的是如何让情绪成为我们的卫士和保镖。

这堂课我提出的"剥洋葱法"就是要教会你如何在冲动、发脾气的时候管住自己，通过身体、感受、思维、行为四个层面，解决你发脾气的问题。

一旦触发了情绪，我们要从身体、感受、思维、行为四个方面调整它，不让情绪一泻千里。

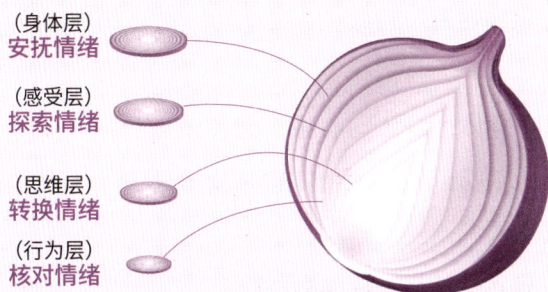

（身体层）
安抚情绪

（感受层）
探索情绪

（思维层）
转换情绪

（行为层）
核对情绪

海蓝博士的情绪魔法：解决生气的剥洋葱法

身体层——安抚情绪

任何情绪都伴随着身体的反应。身体是人存储情绪的最大器官。当身体平静了，情绪自然就会平静。处理情绪的第一步，是安抚自己的身体。

（1）停下来：停止火上浇油。

当察觉到自己的情绪产生时，我们要做的第一步，是停下来。以下是几个具体方法：

·**离开产生情绪的现场，让自己冷静一下。**

·**深呼吸：**找一个安静的地方深呼吸，特别是呼气的时间长一些。十次深呼吸后，看看自己的情绪是否有所平息；如果仍然激动，就继续呼吸，直到自己平静下来。

·**转动眼睛**：把关注点放在眼睛上，保持头部不动，尽可能向左看，再向右看。眼球左右转动 20 次，可以有效停止让你生气的想法。

·**活动身体**：身体动起来，把关注点放在身体上，做蹲起运动 20~30 次。运动会让身体内的皮质醇升高，释放内啡肽，让人感到放松、愉悦。

（2）在身体中找到情绪的位置。

把关注点放在身体上，从头到脚扫描自己的身体，感受一下，此刻身体的哪个或哪些部位不舒服。比如，在生气的时候是头痛、胃痛、胸闷、喉咙发紧、浑身发抖，还是其他感受？

（3）继续深呼吸。

继续深呼吸，吸气时吸入你喜欢的、此时此刻你需要的东西，比如平静、淡定、舒适；呼气时把身体里不舒服的感受都呼出去。连续做多次，直到情绪平静下来。

按照以上方式调整之后，你内心的火焰应该会消除不少。

感受层——探索情绪

其实，每种情绪都是我们的朋友，都代表了我们某些部分的需求。我们一起来探索一下，情绪到底要告诉我们什么。

（1）如果我们能够命名情绪，就能化解情绪——给情绪命名。

科学研究证明，如果我们能够命名情绪，就能化解情绪——"Name it and you tame it"。

所以闭上眼睛，回忆一下那个令你不舒服的事件，感受一下自己的情绪，确定自己的情绪是什么——生气、愤怒、怨恨，还是烦躁？然后对自己说出当下真实的感受：我此刻很……

（2）想一想我真正的需求是什么——情绪的核心。

继续保持深呼吸，和自己对话。我到底为何生气？我真正需要什么？是因为我不被尊重、不被重视、不被理解、不被关爱，还是我自己的悲伤、失落、恐惧等情绪干扰了我的心智？真相到底是什么？我真正的需求到底是什么？

所有情绪的核心，通常都与安全和认可相关——人们都希望被看见、被听见、被认可、被接纳、被理解、被温暖、被关怀、被爱。每当你有情绪的时候，不妨探索一下，你真正的需求是什么，是什么需求没有得到满足？

思维层——转换情绪

在这个世界上，没有人总是想给别人添麻烦，想惹别人生气；那为什么我们又会经常碰到给我们添麻烦、惹我们生气的人呢？那是因为他的能力和资源不足以对当时状况做出正确的判断和选择。就像我女儿的例子一样。

人们总认为自己是对的。其实是这样的：每个人做的每件事、说的每句话从他的角度和所在的状态环境来讲，都是对的。而所有给别人添麻烦的人，都是在那个时刻做出了自己认为最好的选择，但这个选择受限于他当时的能力、认知、环境条件和拥有的资源。

引发情绪的核心，在于对一件事情如何解读。所以，要想从根本上转换情绪，最简单的办法就是换位思考。

怎么换位思考呢？

想想对方为什么是对的。真正站在对方的角度，想一想他所面临的情况、他的需求、他的资源，以及他的局限性。为什么在当时的环境中，他那样说、那样做是可以理解的，甚至是情有可原的？相信以这样的方式思考，你一定会有新的发现。

行为层——核对情绪

如果生气的事情已经发生了，怎么来挽回局面呢？

方法就是，我们需要与对方在合适的场合进行核对。

核对是化解矛盾的过程，也是知己知彼的过程。发生矛盾不可怕，可怕的是不了了之，不断积压。

那么，我们又该如何核对呢？

（1）发完脾气后，等自己平静下来，邀请对方进行一场心平气和的沟通。

（2）真诚地分享自己当时情绪之下的需求，并告诉对方你希望他如何满足你的需求。

（3）也邀请对方坦诚地告诉你，他当时面临的情况以及他的感受和需求是什么。

（4）共同约定以后出现类似的情况怎么办。

值得注意的是，核对首先要在对方愿意和你交流的时候进行，而不是强迫对方，更不是质问。沟通一定是双向的。如果有一方不愿意交流，或者仍然还在情绪当中，那么请保持沉默，因为这样的沟通不但无效，还会继续破坏关系。所以自始至终保持平静是核对的关键。一旦发现自己或对方失去平静，立即停下来，把自己调整到平静状态再进行。

有的时候相关人员无法核对，或者已经故去，可以进行想象核对，也就是在想象中告诉对方你的感受、想法和需求，然后聆听对方的回应是什么。只要内心静下来，就会看到、听到对方的感受、想法和需求。

人与人的很多矛盾和摩擦其实都是对彼此无知和误解的结果。**在绝大多数情况下，能够彼此看到和听到，情绪就会平静下来，我们也会因彼此的理解而释然很多。**

四、实操练习:
剥洋葱情绪梳理法,一用就灵

现在我将情绪梳理的剥洋葱法教给了琳琳,她会解决她的矛盾吗?

琳琳等到了 14:50,刚子还没到,琳琳明显开始生气了。

剥洋葱法一:身体层,安抚你的情绪。

具体做法:

(1)当发现自己生气的时候,停下来,做几次或更多的深呼吸,特别是呼气的时间要长于吸气,直到情绪平息下来。

(2)如果你暂时无法专注深呼吸,也可以先做 10~20 个蹲起运动,如下图所示。

琳琳等到了 15:00，刚子依旧没到，
琳琳有点儿控制不住自己。

剥洋葱法二：感受层，探索你的情绪。

具体做法：

（1）继续保持深呼吸，和自己对话，我到底为何生气，我真正需要什么。

（2）想一想究竟是因为我不被尊重、不被重视、不被理解、不被关爱，还是我自己的悲伤、失落、恐惧等情绪干扰了我的心智？真相到底是什么，我真正的需求到底是什么？

琳琳等到了 15:10，刚子依旧没有到，琳琳继续用剥洋葱法梳理情绪。

剥洋葱法三：思维层，转换你的情绪。

引发情绪的核心，在于对一件事情如何解读。所以，要想从根本上转换情绪，最简单的办法就是换位思考，从消极解读转化成积极解读。想想对方为什么是对的。要真正站在对方的角度，想一想他所面临的情况、他的需求、他的资源以及他的局限性。

消极解读一：

生气——到现在还没到，他是不是故意的啊？约会了那么多次都这样，也太过分了。

消极解读二：

伤心——难道他不在乎我？一定是他不再爱我了，好伤心啊。

积极解读一：

体谅——估计老板又留他加班了，上了一星期班，他也挺累的。唉，算了，看他这么不容易，这一次就原谅他吧。

积极解读二：

感恩——刚子肯定又在临时加班，估计又要加班到很晚，他刚刚一直发短信说很快就会赶来，他是怕我等急了，才这样安慰我的吧，傻瓜。这次恐怕为了我们的约会，又把老板给得罪了。

刚子，谢谢你的努力，别着急，慢慢来。

假如琳琳最后还是向刚子发火了，有没有什么补救的方法？

剥洋葱法四：行为层，核对你的情绪。

如果生气的事情已经发生了，怎么来挽回局面呢？方法就是，我们可以与对方核对。核对是化解矛盾的过程，也是知己知彼的过程。发生矛盾不可怕，可怕的是不了了之，不断积压。

具体做法：

琳琳：刚子，我们可以好好谈一下吗？你知道我为了今天的约会准备了多久吗？我幻想着，今天晚上可以好好地浪漫一下，共度二人时光。最初想到你没有准时到达，我就很着急、焦虑。再一想到我们晚上的环节也可能要泡汤了，就特别生气、难过。最主要的是，我感觉你不那么重视我了，是不是不再那么爱我了。一想到这里，我就很伤心、很害怕，害怕失去我们这段感情。

刚子：我知道啊，正是因为这样，所以我才马不停蹄地赶过来。你知道吗，我连晚上的加班都推了。

琳琳：所以我才特别希望你在不能准时到的时候，能够主动提前告诉我，发生了什么，是什么原因让你迟到的。这样我也比较安心，也不会自己胡思乱想，更不会乱发什么小姐脾气。

刚子：对不起，让你担心了，是我的错，我应该告诉你事情的原委。还有，相信我，我最在乎的就是你。

看来琳琳学会了剥洋葱法后，就妥善地解决了发脾气的问题。

其实，发脾气、生气是一种硬情绪，是我们保护自己的一种方式。在这背后往往隐藏着软情绪，比如悲伤、失落，这些是我们内在脆弱的、不太愿意被人看到的部分，所以往往会通过发脾气的方式来表示不满。而更深层次的原因是，我们感觉到自己没有被看见、被尊重、被支持、被关爱、被认可。

下面我们回答一下前面列举的几个困惑。其实那几个问题的真正原因是：

发脾气的困惑

困惑的真正原因

对特别亲近的人肆无忌惮地发火	→	因为衡量过利弊，感到安全，自以为不会导致严重后果。
鸡毛蒜皮的事会引起火冒三丈	→	因为有太多没有化解的伤痛和没有放下的过去。
知道生气不好，就是改不掉	→	因为没有真的认识到生气的严重后果，没有发自内心地想要改变，是一种逃避，也是一种借口。

在这个世界上，没有谁要故意伤害别人；如果有人让你生气，是因为你只从自己的角度解读了事情。

总　结
发脾气不是小事，
而是关乎幸福、生死的大事

亲爱的，如果你认识到每个人都是从自己的角度来解读世界，每次生气、发脾气的背后，都是对爱的呼唤，就能更容易理解别人了。

如此，不管是伴侣之间、亲子之间，还是朋友、同事之间，就会少很多的误解。

第一堂课教给大家的是如何控制自己不发脾气的剥洋葱法。当刺激你情绪的事情发生的时候，请试着用这样的方法梳理自己的情绪，别让自己的情绪失控。

请大家记住：发脾气不是小事，而是关乎幸福、生死的大事。不管你因为什么生气，一定要记得，不要用发泄和攻击他人的方式来表达。因为发脾气就像扔炸弹，你发一次脾气就会让之前所有的辛苦都一笔勾销，会使你苦心搭建的爱和信任的大楼顷刻坍塌，使获得爱和信任变得困难重重，甚至没有可能。

延伸阅读
学会跟负面情绪做朋友

王晓飞

海蓝博士第 34 位静修生

海蓝幸福家全项教练

全球静观自我关怀中心正式老师

国家二级心理咨询师

中国心理卫生协会会员

简介: 14 年电台主播,2013 年 2 月参加海蓝博士静修生学习,在践行成长中最终发现一生要从事的事业和使命而毅然辞职,经过 5 年的践行、成长,2017 年经实习考核成为海蓝幸福家全项教练。

上完第一堂课,我们知道了,有的人火气说来就来,怎么也控制不住,其实只是欺软怕硬,对自己的无知毫无觉察罢了。

有的人说自己有情绪都是因为别人说错了话,做错了事,其实这都是借口。真正的原因是,别人没有按照我们的意愿和标准行事而已。

还有的人认为自己发发脾气没什么大不了。亲爱的，别忘了，情绪决定关系，情绪决定命运，情绪决定生死。

在这一堂课后，我想给大家补充三个方面的知识。

第一，为什么我们容易有情绪，而且还是负面的？

第二，情绪失控对我们的亲密关系伤害究竟有多大？

第三，负面情绪真的就是坏事吗？

最后，教给大家一个梳理情绪的操作表格（表 1.1）。

为什么我们这么容易有情绪，而且还是负面的

为什么我们容易有情绪？为了生存。

得克萨斯大学的心理学家 Kristin Neff 博士说："原始社会上古时期，当我们的祖先在篝火边围坐聊天时，那些积极乐观、放松随意的人，会比那些负面思维较多、紧张戒备的人，更容易被狮子叼走。"

我们的大脑天然的倾向是关注负面情绪。不幸的是，这种倾向对于人类生存有益处；对于幸福，却毫无帮助。

人们遇到不舒服时，都会与之对抗。这种对抗虽然在生理层面保护了我们，但是在心理上却并非如此。比如，当我们面临实际危险时，本能反应是战斗、逃跑或僵住不动，直到危险过去。

但当危险来自我们的内在——当我们遭受负面情绪的攻击时，我们是怎么做的？我们对抗的本能就变成自我批评，逃跑的本能会使我们与人隔离、变得孤独，而僵住不动则像大脑被卡住了一样，一遍又一遍地问自己："为什么是我？""为什么这件事

发生在我身上？"

当我们与情绪对抗时，负面的情绪会越战越勇，这只会让对抗愈演愈烈。

情绪失控对亲密关系伤害有多大

在没有跟随海蓝博士学习时，我的情绪也时常难以控制；我常常觉得自己像个易燃易爆品！可是，每每情绪爆发后，我都会自责；自责后反思，反思后痛下决心，决不再犯！

可是，可是，唉……你懂的。

跟随海蓝博士学习后，我知道了控制情绪的重要性，也做了很多情绪梳理；在这个过程中，我看到了很多被父母的情绪伤害的孩子，也感受到他们的心痛。

于是，我也想了解自己的情绪是否给孩子造成了伤害。我特意找了一个时间，装作漫不经心地问孩子："宝宝，妈妈生气时，你是什么感觉？"

孩子想了一下说："像大海立了起来！"

那一刻，我惊呆了！原来，对于孩子来说，我的脾气就是一场海啸。亲爱的，你的孩子经得起你多少次的海啸？！

脾气对于亲密关系的伤害之大，已经无法用语言来形容了。全世界有 70 多亿人，我们只选中这个人做伴侣，这该是怎样的缘分啊。为了恋爱甜蜜、婚姻幸福，我们也做了那么多努力和付出，就像一砖一瓦建造一幢大楼一样；可是，你发脾气，就是一次无计划、无策略、无预告的"爆破"行动。

亲爱的，你见过大楼的爆破吗？（如果没有，我建议你到网上搜索一些图片、影像资料看看。）我看过，而且看了不止一次，心里被深深触动。要建造一幢大楼，需要多少块砖头、多少位工人、多少材料、多少个工序、多少时间啊；而爆破只需要一两分钟的时间。

负面情绪就一定是坏事吗

亲爱的，你的情绪还容易宣泄给谁呢？父母、朋友，或是给你提供服务的饭店服务员、售货员？要么是亲近的，要么是弱势的。

情绪是会传染的，而且会在传染中像滚雪球一样，越滚越大。

说到这儿，你是不是会说，那太吓人了，情绪太可怕了。

听很多人说，情绪是魔鬼。说情绪是魔鬼，是因为许多人在情绪冲动下做了伤害自己、伤害他人的事情，所以有"一失足成千古恨"之说。

水是滋养我们的生命之源，但发生洪灾时也吞噬过数不清的生命；火给予了我们很多能量，使我们能够取暖、做饭、制作很多东西，但火灾也会烧毁一切我们认为有价值的东西——包括生命。那么我们是否也可以说，水和火是魔鬼？

它们都是生命的资源，可以是魔鬼，也可以是天使，关键取决于人们是否对它们失去控制。

其实，情绪也一样是生命的资源。天下没有什么情绪是魔鬼，所有的情绪本质上都是天使，都在守护我们。

情绪，让我们意识到自己当下拥有的资源和能力，不足以实现我们期望中的目标，这就需要添加一些很重要的资源。例如，痛苦会指引我们去寻找一个摆脱威胁的方向，焦虑告诉我们事情很重要。

当我们愤怒时，也许是我们的身体和大脑在试图保护一些非常重要的东西——也许是我们的尊严，或者是我们早已遗忘的童年创伤被激活。愤怒告诉我们，也许是时候去正视它，放下它，以便让我们更好地生活。

所以情绪本身并无好坏，也无对错。关键是：在情绪中，你对自己说了什么，做了什么？你对别人说了什么，做了什么？这才决定了我们与自己、与他人是否能够和谐。

当不良情绪发生时，我们该如何正确应对

如果对人对己所说所做，都是有伤害的，那么，第一步就是"止损"，即便你的情绪还未完全消退，但起码停止发起海啸或爆破的行为。如何控制自己不发火？具体做法，前面的课程中，海蓝博士已经把剥洋葱法教给大家了，你是否已经操练起来了？

这个方法非常有效，在海蓝博士写的《不完美，才美 II ——情绪决定命运》一书中，有更为详细的介绍。你也可以按照表 1.1 的步骤操练起来。发生在一年之内的、让你不愉快的事，难受程度在中等以下的，都可以用这个方法自己梳理。

亲爱的，请记住，为了更好地生存，我们的大脑在进化中养成了一个不良嗜好，那就是偏好把事情往坏里想，把事情往不好处解读。我们需要培养一种和负面情绪做朋友，让自己感到安全、被支持、被关怀的能力。

这个能力可以从情绪梳理法的操练中来，可以从自我关怀中来，也需要我们对过往有很多的梳理和放下。总之，亲爱的，负面情绪是一个朋友，要让她当你的情报员，而不是冲锋队。

表 1.1 情绪梳理之发脾气：剥洋葱法练习表格

四步法	作用	自我探索	自我解答
身体层	软化情绪	选择什么样的软化方式？	找一个安静的地方深呼吸（10 次或更多），特别是呼气的时间长一些
			把关注点放在眼睛上，保持头部不动，尽可能向左看，向右看，眼球左右转动 20 次，可以让情绪停止升级
			身体动起来，把关注点放在身体上，做蹲起运动 20~30 次，运动会让身体释放内啡肽，给人带来放松的感受
感受层	探索情绪	我为什么生气？	例如：因为刚子一直迟到，感觉自己不受重视，不被尊重
		我真正的需求是什么？	例如：希望被在乎，希望被重视

四步法	作用	自我探索	自我解答
思维层	转换情绪	用换位思考法，去解读令你生气的事情发生的原因。	解读一：他不重视我。愤怒转化为伤心
			解读二：他碰到意外状况。愤怒转化为体谅
		不同解读会令情绪发生不同的转化	解读三：他有苦衷，但是已经在很努力赶来，希望我不担心。愤怒转化为感恩
			解读四：……
行为层	核对情绪	心平气和地发起沟通	
		表达当时情况下的真实需求	我害怕你不重视我，不那么爱我了，想到这里就特别的伤心。而我在内心希望被重视
		邀请对方说出当时的情况、感受、需求	碰到了意外状况，耽误了时间。事情一结束，我就马不停蹄地赶过来，就是害怕你担心、着急
		共同约定下次碰到这种情况的解决方案	希望你不能准时到的时候，能够主动提前告诉我，发生了什么，是什么原因迟到，这样我也比较安心，不会自己胡思乱想，也不会乱发什么小姐脾气

　　注：当你要发脾气的时候，就可以通过"身体、感受、思维、行动"这个方法，一步一步来引导自己梳理生气的情绪。

什么是最适合你的工作
——价值驱动法

你是否对工作失去了激情，

感到乏味、枯燥？是否每天都感觉很疲惫？

是否越是应付工作，越是提不起干劲儿？

一、你是否患有"职业倦怠综合征"

怎么知道自己是否得了"职业倦怠综合征"

前面讲过，所有的情绪都是我们的朋友，负面情绪也可以在梳理中放下。当你把握了情绪，最终就会发现，负面情绪才是我们智慧的源泉。

据调查，城市中，成人的步行速度近10年提高了10%。这说明了什么？不知不觉中，人们的脚步越来越匆忙，生活节奏越来越快。

现在的你，也一定非常忙吧。忙工作，忙学习，忙赚钱，忙升职，忙看微信，忙和朋友喝酒，忙考试……我们每个人都活得像一个不断被抽打的陀螺，不停地转动。然后，我们所有人都变得忙，盲，茫。最终，人生彻底失去了方向。

在幸福家的课堂上，学生们提出了以下困惑，特别有代表性：

（1）我对工作失去了激情，感到乏味、枯燥，总有一走了之的冲动。

（2）我每天睡不好，吃不好，感觉很疲惫。

（3）我内心不想应付工作，但事实上我一直在应付。我不知道自己要什么，非常纠结。

他们都在问，我这究竟是怎么了？

其实，他们只是得了"职业倦怠综合征"。这是由工作引发的心理枯竭现象：工作时感觉身心疲惫、能量耗尽、价值感低……

我们怎么知道自己是否得了"职业倦怠综合征"呢？又如何摆脱倦怠感呢？本堂课的"价值驱动法"从喜欢、擅长、价值三个方面，预防并解决"职业倦怠综合征"的问题。

我们先来看看小娟的故事。

小娟的困惑：时间过得好快啊，从事行政工作已经三年了。三年来待遇越来越好，有了一些积蓄，也买了车，可我为什么就是高兴不起来呢？

场景一：家里饭厅

妈妈：娟，你多吃点儿菜。

小娟：妈，我想跟您商量个事儿。

妈妈：怎么啦，什么事啊？

小娟：我实在不想做这份工作了，真的没意思。

姐姐：小妹，你疯了吧，这工作多好啊！

妈妈：怎么了？你不是说老板马上就要给你升职加薪了吗，怎么突然又不喜欢啦？

　　小娟：我就是干着没劲。

　　妈妈：那要是实在不喜欢，咱再换一家公司。你都做行政三年了呀。

　　小娟：我不想做行政，我想成为一名自由职业者，做插画师。

　　妈妈：你这是干吗呀，好好的一份正当职业不做？工作又轻松，工资又不少。一天到晚想七想八，不务正业，你这是想什么？

　　姐姐：就是呀，小妹，别胡思乱想。赶紧吃饭，别惹妈妈生气。

　　小娟：我就是想做自己喜欢做的事情，你们怎么就不能理解我呢？

　　妈妈：这……

　　小娟：我吃饱了，你们吃吧。

　　妈妈：不吃了，气死了。

场景二：小娟接到爸爸的电话

　　小娟：喂，爸。

　　爸爸：喂，小娟，我刚刚听你妈说你要辞职。我跟你说，你千万别乱来啊。

　　小娟：爸，我从小就喜欢画画，我对现在的工作一点儿兴趣都没有，你就不能支持我一下吗？

　　爸爸：唉，养你这么大，供你上四年大学，好不容易找到一份好工作，你说不干就不干啦？我问你，画插画能挣钱吗？别忘了你的车子是谁出钱给你买的！你自己猴年马月才能挣到钱买车！

小娟：爸，我不跟你说了，我说不过你。

爸爸：你听我说……

小娟挂断电话。

场景三：卧室里，姐姐和妈妈走到小娟身边坐下

姐姐：你画插画又不赚钱，难道你以后要当啃老族吗？

妈妈：就是啊。我们老了，还得靠你们养。

小娟：好吧好吧，我投降了还不行吗？我决定不辞职了，这下你们都满意了吧！

但从这之后，小娟对任何事都提不起兴趣，容易生气、迁怒他人，爱埋怨，迟到早退，经常和同事发生摩擦，身体也越来越差。家人对她也越来越担忧了。

小娟就是典型的职业倦怠。她从事的工作缺乏挑战性，个人能力得不到发展，无法获取成就感，从而产生职业倦怠。

职业倦怠主要有哪些表现

职业倦怠通常有以下几个表现：

（1）疲劳，缺乏工作动力，丧失工作热情；

（2）麻木，对工作表现出抵触、排斥或恐惧等情绪；

（3）自我评价低，缺少成就感，有挫败感，焦虑、抑郁、沮丧、易怒。

职业倦怠很容易引发多种不良情绪，除了上述几种外，还包括烦躁、多疑、兴趣丧失等。很多职场人士对于"职业倦怠综合征"往往有意视而不见，以为它像感冒一样能不治而愈。事实上，不找出真正的原因，往往会让自己越来越不快乐；如若长时间放任不管，最终就会导致各种身心疾病，如抑郁症。

二、什么原因导致你职业倦怠

追名——好面子

有一次我遇见一个年轻人，他很兴奋地告诉我，他终于找到工作了。我问他是什么样的工作，他说，在一个特别高档的写字楼里上班。

很多人找工作就是为了进一个大公司，去一个好的写字楼，在亲戚朋友面前有面子。

逐利——没有安全感

我有一个学生，是一个女企业家，她说，她只有拥有很多的东西才会感到安全。她开着宝马车，住着独幢别墅，家产庞大，什么都有，但就是整夜睡不着觉。

她很羡慕农民工，每次路过工地，看到他们在路边的早点摊子吃早餐，一伙人围在一起吃得很香；中午下班的时候又一起在路边吃饭，不管太阳多大，吃完倒地就能睡着，鼾声震耳；下午一起去上班，一帮朋友有说有笑的。

听人摆布——没有目标，混沌茫然

我曾经问过很多年轻人，他们的专业和职业是怎么选择、决定的。大多数人回答说，是父母、亲戚、朋友建议安排的。

一个被安排而不是自己选择的职业，通常不会让人有太多成就感和满足感。

比如我自己，出生在一个医学世家，年轻的时候也不知道如何选择自己的未来，于是按照父母的心意，学医、行医、研究近20年。虽然后来在医学领域，在国内外都做到了顶尖水平，但我一直有逆水行舟之感，感觉身心疲惫。

对很多人来说，医生是很值得骄傲、有成就感、救死扶伤的职业，而对我来说，每天看到的都是常见病，日复一日、年复一年地记录着同样的内容，开着雷同的处方。做手术对我来说就是：切开一个口子，拿点儿东西出来，放点儿东西进去，再合上口子，一共四步。

一想到未来30年我都要做这些，我就觉得生活索然无味。医生是一个高尚的职业，只是不适合我。

许多人都想找一份好工作，我经常问大家：什么是好工作？大多数人的回答是：钱多，事儿少，离家近。

为什么许多人容易患"职业倦怠综合征"？因为在选择工作时，根本没思考自己究竟喜欢什么样的工作，糊里糊涂就进入了职场；往往等到工作一段时间后才发现好像入错行了，但又害怕丢了现在的好处，患得患失。长此以往，必然会导致职业倦怠。

而真正的核心问题是：不知道自己想要什么，也不知道自己价值所在。

三、做自己喜欢的、擅长的、能为他人创造价值的事——摆脱职业倦怠的心理学模型

如果你在做自己喜欢又擅长的事，可以说，每天都是假期

在我们的一生中，职场生活占据了生命的大部分时间；除了睡觉，我们醒着的时间近 70% 都花在和工作相关的事情上。如果你在工作中感受不到价值和幸福，处于职业倦怠状态，你自己可以算一算，这辈子你还剩下几天是幸福的？

工作是价值感和幸福感的重要来源。如果你的工作让你觉得快乐、充满热情，你的人生就会比别人多了 70% 的幸福。

很多人有一份高薪、紧张又非常忙碌的工作，就等着一年休一两个星期的假期；但如果你在做一件自己喜欢又擅长的事儿，可以说，每天都是假期。

价值驱动模型——喜欢、擅长和价值

"职业倦怠综合征"可以使用"价值驱动模型"来解决。

"价值驱动模型"主要包括以下三个部分：

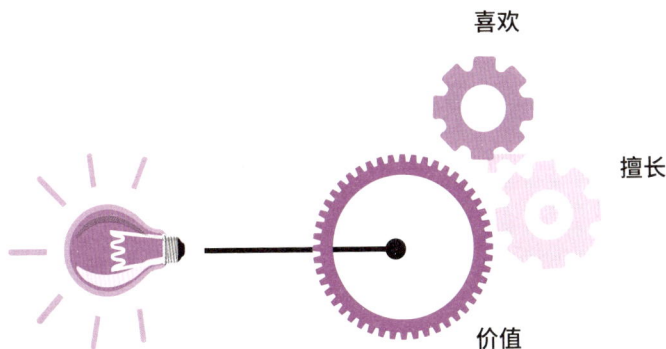

（1）第一个齿轮：做自己喜欢的事。

只有做自己喜欢的事才会特别愿意为它投入，为它无条件地付出。

（2）第二个齿轮：做自己擅长的事。

只有做自己擅长的事，才会比别人做得更好。

我想大家都会有这样的体验，当你在做自己喜欢并擅长的事时，你会忘记时间，全身心投入。心理学有个词叫"心流"（flow），就是形容这种深刻的幸福体验的。如果我们经常处于这种状态，可以想象每天的生活会多么精彩。

（3）第三个齿轮：做能为他人创造价值的事。

试想一下，如果你所做的喜欢并擅长的事，能够使别人生活得更加容易和方便，或者可以消除别人的麻烦和痛苦，你的感受是什么？

其实，人生真正的价值和意义就是在帮助他人中产生的。科学研究发现，助人所带来的幸福感非常持久。如果你回顾自己的人生，也不难发现，助人会带来由心而发的快乐。

我特别相信一句话：天生我材必有用。

我认识一位司机，我认为他是我所接触的人中特别幸福的一个。他是给老板开车的私人司机，工作上尽心尽职——他来接人的时候，车永远被擦得干干净净；老板要让他到什么地方接人，他总是提前在那个地方等着……

所以老板的车——当然能雇得起司机的人的车都是好车——一般都是交给他开的。另外，在等老板的时候，他一般就在车里看书。

他生活的满足感是非常高的。开着一辆很高级的车，用不着自己负担费用（连汽油费都不用自己付），还有时间看书（大把大把的时间），而且工资很高。

其实，每个人都可以找到自己喜欢而且擅长的事。不一定非要读博士，非要做什么了不起的事。只要你懂得利用自身的爱好和长处，就会经常拥有幸福感，也会给他人和自己创造价值。

做一份自己喜欢、擅长，又对人有帮助的工作，报酬和收入是自然的结果。你可以问问自己，如果你需要买一样东西，你想从一个喜爱、擅长自己的工作，同时真心想帮助你的导购手里买呢，还是从一个只是为了赚钱而卖东西的导购那儿买呢？如果你找医生看病，你是希望找一个无比热爱自己职业的医生，还是找一个只是为了受人尊敬和薪酬而工作的医生？答案不言自明。

生活中，很多人常常本末倒置，把追求高薪作为工作的唯一目标，所以会越来越疲惫，越来越茫然。他们全然不知，其实做一份自己喜欢并擅长的工作，本身就是最大的福利和回报。更重要的是，如果工作本身就是快乐的，充满意义和价值的，你的工作激情和热情也会源源不断。

喜欢、擅长和价值，这三个齿轮环环相扣，互相驱动，缺一不可。它们产生的持续驱动力，能够持续带给你职业效能。有了它们，我们就能让自己变得更有"价值"。

所以，真正的价值不是来自别人和外界环境，而是来自自身拥有的技能和态度。

四、如何找到自己喜欢并擅长的工作

喜欢的，还要擅长才行

关于擅长，包括两个方面：一个是擅长的深度，一个是擅长的广度。

（1）擅长的深度

比如我曾经碰到一位年轻人，他说他就喜欢打游戏，是他朋友圈里打得最好的。

我问他，你能靠打游戏养活自己吗？他摇摇头。

其实喜欢做什么都行，关键是这份工作是否能养活你自己。打游戏也可以养活自己，但是靠打游戏养活自己的人比例大概是七十万分之一。

你要知道自己有多擅长，在什么水平，如果你能够达到别人愿意付薪酬请你打游戏的程度，靠打游戏就能让自己生存，当然没有什么不可以。前提是，必须有人愿意为此买单，否则那就只是一个自娱的爱好而已。

（2）擅长的广度

比如说，你非常喜欢设计，也进了一家设计公司。但进去之后发现人际关系很复杂，每天除了做设计，还需要跟客户、领导、同事打交道，另外还要写报告、做考核，这和你以前想的完全不一样。

这个例子就是误解了职场擅长的广度。许多人以为做擅长的事，就是只做自己喜欢的部分。而实际上，即便做自己喜欢的、擅长的工作，也有你不得不面对的处理人际关系的部分，和遵循工作单位管理要求的部分，这些都是工作的必然部分。

有的人因为不擅长处理各种人际关系，对工作单位的具体管理要求反感，就以为自己不擅长、不喜欢自己的工作。所以，清晰地了解自己，了解承载、呈现你擅长的工作环境非常重要。

擅长的，也要喜欢才行

比如爱因斯坦，他并不喜欢物理，但他是物理学天才。他其实特别喜欢拉小提琴，他可以每天练习六个小时。他曾经说，如果有哪个交响乐团愿意吸纳他做小提琴手的话，他可以放弃所有的成就，包括诺贝尔奖。

但是他对世界最大的贡献是物理，而不是小提琴。人们知道他、尊敬他、记住他的，也是物理，而不是小提琴。

就算你了解了自己喜欢和擅长的事情，也锚定了可以实现它的职业领域，但这并不代表你能立刻找到适合自己的位置。

比如你发现自己擅长做决策，有领导力，希望能够成为一个大老板，拥有自己的事业；但这一定不是立刻就能实现的，因为不可能马上就有一家公司等着你来经营。所以，在做出决定之前，你最好亲自去体验一下你所向往的领域或职业的工作氛围，哪怕是从最边缘的工作做起，通过自己实际的体验去评估。同时，你也可以上网搜索相关信息，看一下从事这个行业的人都做些什么，也可以向他们讨教。

所以，如果你还没有大学毕业的话，一定要非常珍惜"实习"的机会；最重要的是，去体验，去感受。因为，理想和现实一定会有距离。而且任何一个行业都会有它的优势，也会有它的劣势，我们只有在充分了解评估之后，才能够做出最适合自己的选择。

我知道自己喜欢和擅长什么，但我有生存压力，无法实现，怎么办

很多人说我现在不能追求自己的梦想，我有生存压力，钱不够，时间不够，等等。其实，关键是对于所谓的梦想，你自己还不够确定，也不想为此付出代价和承担后果。

很多人以为做喜欢和擅长的事情，意味着你将获得什么；而没有想到，所有的选择都有代价。

所以，你首先需要考虑的是：你愿意为追寻自己的梦想付出的代价是什么？然后，问问自己能够承受的底线是什么？我在38岁转行的时候，借了10万美金，并告诉自己如果我失败的话，我可以去洗碗、端盘子、做保姆——我给自己设置了这样的底线。

五、实操练习：
在工作中如何实现真正的价值

问问自己，你喜欢做的、能够做的、正在做的，
是不是一回事

如果不是，那说明你已经有职业倦怠，或正在去往职业倦怠的路上。

回想一下，从小到大你最喜欢做的十件事有哪些

这些事，你在做的时候会有发自内心的满足感，可以为了它废寝忘食却乐此不疲。

比如，我当年就特别喜欢看心理学方面的书籍，家里买了很多这方面的书。能从书里了解到人为什么会这样想，那样做，我就觉得特别有意思；即便在别人看来枯燥的理论文献，我也看得津津有味。亲爱的，现在你可以根据表"我最喜欢做的十件事"，探索一下从小到大你最喜欢做的十件事有哪些？

再想想，从小到大你特别擅长的十件事有哪些

所谓从小到大特别擅长的事，就是你花的力气比别人少，效果却比别人好的事情。

比如我读大学的时候，虽然年纪是班上最小的，但是有很多比我年纪大的人遇到感情上的困惑时，经常来请我帮忙解决。所以，听人倾诉，帮人解决情感的困惑，就是当年的我擅长的事。

亲爱的，现在你可以根据表"我最擅长的十件事"，探索一下从小到大你特别擅长的十件事有哪些。

从这十件事中发现共同的技能和特质

然后，归纳一下做这些事情所涉及的共同的能力，比如语言表达能力、逻辑思维能力、空间想象力、运动能力、人际交往的能力、艺术和创造力，等等。选出一项或几项。请根据表"选出你喜欢并擅长的能力"选择适合自己的选项。

定位行业，匹配能力

找到自己喜欢的事背后对应的技能和特质后，再搜索、筛选一下，哪些职业、行业需要具备这些技能、素质。

我们需要把这些技能（即自己喜欢的事）落实到一个行业、产业中，因为它必然是市场需要的。比如，我爱看心理学书籍，喜欢研究人的内心世界，能够帮人解除情感的困惑，说明我具备

与人联结、善解人意、乐于助人的特性，这些也恰恰是一个心理咨询师需要具备的。

亲爱的，你也可以根据表"喜欢并擅长的能力自我检测"探索一下，不要期待一次完成，可以反反复复思考，直到自己内心确定，感到踏实。

我记得当时在美国，要成为执业咨询师有非常严格的要求，必须通过专业的学习，还要通过考试、实习、督导等。为此，我放弃了在医学领域 20 年的耕耘，开始了心理学领域的专业学习和职业考核，前后历时 5 年，最终进入了我梦想的领域。

请记住，你找到的特质也许适合的不仅是一个职业或者行业，也可以把相关的其他职业或行业都列出来。然后，通过向前辈请教、网上搜索资料等方式了解更多信息，包括想要达成目标，需要什么样的路径和方法？你还缺哪些技能？清楚这些后，再逐步去靠近、实现。

如果在目标工作中不能马上找到适合自己的位置，那就先从一个边缘的工作开始做起

当你了解了自己喜欢和擅长的方面，也锚定了可以实现它的职业领域时，你却不一定能立即找到适合自己的位置；这时，你可以从一个边缘的工作开始做起。

举我自己的例子来说吧。我 38 岁转行时，尽管在国内已经念

如何找到自己喜欢并擅长的事情
我最喜欢的十件事

01.

02.

03.

04.

05.

06.

07.

08.

09.

10.

如何找到自己喜欢并擅长的事情

我最擅长的十件事

01.

02.

03.

04.

05.

06.

07.

08.

09.

10.

选出你喜欢并擅长的能力

01. 语言智能
有效地运用口头语言及文字的能力，即指听说读写能力。（√）（×）

02. 逻辑数学智能
有效运用数字和推理的智能。（√）（×）

03. 空间智能
能准确地感觉视觉空间，并把所知觉到的表现出来。这类人在学习时是用意象及图像来思考的。（√）（×）

04. 肢体运作智能
善于运用整个身体来表达想法和感觉，以及运用双手灵巧地生产或改造事物的能力。（√）（×）

05. 音乐智能
敏感地感知音调、旋律、节奏和音色等能力。（√）（×）

06. 人际智能
有效地理解别人及其关系、与人交往的能力，包括组织能力、协商能力、分析能力和人际关系。（√）（×）

07. 内省智能
认识到自己的能力，正确把握自己的长处和短处，把握自己的情绪、意象、动机、欲望，对自己的生活有规划，能自尊、自律，会吸收他人的长处。（√）（×）

08. 自然探索智能
能认识植物、动物和其他自然环境（如云和石头）的能力。（√）（×）

09. 存在智能
人们表现出的对生命、死亡和终极现实提出问题，并思考这些问题的倾向性。（√）（×）

如何找到自己喜欢并擅长的事情

喜欢并擅长的能力自我检测

01. 会在什么行业出现

_____

_____

02. 目前我进入这个行业具备的能力

_____

_____

03. 进入这个行业我还需要学习什么

_____

_____

04. 进入这个行业我缺乏的能力

_____

_____

05. 我的结论是

_____

_____

完博士，在美国也完成了博士后的研究工作，但进入心理学领域学习后，我却从来没有把自己"当回事"。我从义工开始做起，在新的单位端茶、倒水、扫地、接电话，完全把自己当一个小工。

然后中心的主管发现我接电话特别认真负责，在办公室做什么事都很勤快，就对我有了非常好的印象，最后把我推荐给了他的好朋友——全美最大的心理咨询中心的负责人。于是，我很快有了一份正式的工作。

其实，不管在什么位置，都要做一个有用的人。不要攀高嫌低，只要你是一个确实有用的人，无论在哪里都会被看见。生命中真正的贵人一直都是自己。

学会"价值驱动法"，在职场就能一帆风顺
——"职业倦怠综合征"修复后的情景再现

大家还记得我在第一节里讲的小娟的故事吗？她因为从事缺乏挑战性的工作，个人能力得不到发展，无法获得成就感，从而产生典型的职业倦怠。

后来，我在课堂上把"价值驱动法"教给了小娟之后，她有什么改变呢？

场景一

小娟看着镜子中的自己，再问自己："我现在做的事情是我热爱、

喜欢的吗？"她摇了摇头。看来，她要去寻找解决问题的答案了。

小娟首先填写了我们提供的自我探索表，开始认真回想自己以往最喜欢的十件事有哪些。

第一件事，她想到了画画；紧接着，她想到了自己经常做的一些手工艺品；她还喜欢一个人静下来，写写文章，读读书等。

填写完第一张表格后，小娟继续填写第二张表格——你最擅长的事有哪些？小娟回想起了自己小学、初中荣获的绘画比赛大奖，得到过很多老师的鼓励；她还发现自己的 DIY 作品曾经被同学们争相追捧；她还想到了自己的文字功底很好，自己的作文经常被老师当作范文。

看着这两张表格，小娟惊讶地发现，绘画、DIY 等事情，就是她喜欢和擅长的事情。她慢慢回忆起了以往更多的快乐，再次坚定了自己的想法：要从事自己喜欢和擅长的事业——画插画的工作。

找到方向之后，小娟继续填写第三、第四张表格，进入能力检测环节。完成以上工作之后，她进入如下思考路径：

（1）自己喜欢和擅长的事能否找到相匹配的行业，从而带来一定的稳定性收入？

（2）从网上寻找相关插画业务和行情，自己选择的行业是否具备一定的发展潜力和市场空间？

（3）最后一步，给自己设定必须承担的代价和后果，即使从零做起，也无怨无悔！学习了"价值驱动法"之后，小娟相信，只要坚持自己喜欢和擅长的事情，就一定能体现并创造价值。

场景二

小娟：妈，姐，我想好了，我可以不辞职，也愿意继续做现在这份工作。

妈妈：你想清楚了？

小娟：可是这并不能让我感到快乐。难道你们真的愿意看到我整天疲惫不堪、不开心的样子吗？我也知道你们真的很关心我，我理解。而且，现在辞职去画插画确实过于草率，毕竟我没有在这个行业工作过。所以，我打算先用业余时间学习插画，如果有所发展，在稳妥的时候再辞职转行，这样你们同意吗？

妈妈：娟，你真的喜欢画插画这行，有信心做好，就去做吧！妈支持你，你爸那儿，我来跟他说。

小娟：谢谢妈！

姐姐：娟，我支持你去学插画！

小娟：谢谢你，姐！

于是，小娟在工作之余，开始学习插画，也逐渐快乐起来。因为画插画是她喜欢又擅长的事情，所以她进步很快；学习不久后，她就可以通过画插画获得收入，并逐渐能够赶上原来的收入，能够养活自己。这时，她选择了辞职。她的家人也理解并支持她的选择。

总　结
所有的选择都有代价，放弃其实是一种能力

这堂课我们分享的是，如何用价值驱动模型摆脱职业倦怠感，在工作中实现真正的价值。方法其实很简单：

一个人做自己喜欢并擅长的事情，就容易做好；

事情做好了自然就成了别人眼中的优秀人才；

这时，个人的价值也就更容易显现出来，收入也一定会比其他人高。

最关键的是，在这种状态下，我们每天都会感到充实和快乐！

生命不再是拼命攀登一个山顶，而后又匆匆忙忙攀登下一个山顶；生命会变得一路都是风景，而且每段路的风景都各有美妙之处。

鱼儿生来就能在水中游来游去，雄鹰只要展翅就能在天际翱翔。所以，做自己喜欢和擅长的事，会有两大特点：

（1）长久地沉浸在忘我的喜悦之中；

（2）有发自内心的踏实和充实感。

最后我想对大家说的是，所有的选择都有代价，放弃其实是一种能力。

有方向，在路上，何其幸福
——给你职业规划的六点建议

黄小玉
海蓝博士第 169 位静修生
全球静观自我关怀中心认证老师
部分心理学一级治疗师
海蓝幸福家国际合作和 HR 总监
简介：1997 年江西省高考文科状元，提前被外交学院录取；在移
动通信业耕耘 14 年，从政府翻译到外企高管。2014 年开
始跟随海蓝博士学习，逐渐明晰人生方向和使命。2015 年
辞职转行，加入海蓝幸福家，担任国际合作和 HR 总监。

希望事情一定要按你规划的那样发展，
这本身可能就是个问题

在第二堂课里，我们学习了如何通过价值驱动模型，在工作中找到真正的价值——做自己喜欢、擅长和对别人有益的事。现

在，我将结合自己的经历，从职业规划的角度，分享几条在实际生活中应用这个模型的经验。

很多年轻人在即将开始或刚刚开始职业生涯的时候，都非常希望通过职业规划帮助自己少走弯路，尽快找到并实现自己的价值。

其实，我的观点是：**未来不可预测，职业不好规划。虽然说以终为始，要有目标，但不管是大学填志愿，还是找工作、换工作，事情很少会按你规划的那样发展。而且，希望事情一定要按你规划的那样发展，这本身可能就是个问题。**

那怎么办呢？从我的经历说起吧。

当我们无法看到长远的未来时，就选择内心更喜欢的
——第一次人生选择，是考大学填志愿

我那时什么也不懂，认为作为学生，尽我所能地学习、考试，我就完成任务了，剩下的就听大人的吧。学校、老师、家长还有亲戚们给了很多建议，那时估分我已经是全省最高了，于是大家都建议我志愿填北大、复旦，往有名的学校去总没有错。

后来我妈妈发现有一个学校叫外交学院，江西省只招三个人，学英语，当外交官。妈妈问我如何，我一听，为之一动，向世界说明中国，这个我喜欢，于是就填了外交学院。

经验第一条：当我们无法看到长远的未来，不知如何选择时，就在每一次选择的时候，选择内心更喜欢的。

内心的喜欢不是理性分析的结果，也并非受到利益的诱惑；它往往是莫名的、由心而发的、怦然心动的感觉。一次又一次，如果追随你内心的声音，它们会带你去最终你想去的地方。

不知道自己喜欢什么的话，先确定不做自己不喜欢的
——第二次人生选择，是大学毕业工作

大学毕业有保研的可能，不过要学英语文学，我不愿意，觉得那样出来恐怕就只能编字典了。在老师办公室谈这件事的时候，他收到一份传真：信息产业部招翻译，同声传译。老师让我去试试。但当时老师有些不高兴，或许是觉得保研这么好的机会我都不懂得珍惜。

后来，我真的去了信息产业部应聘同声传译。我在大学期间没有接受过同传训练，但那一年他们就招了我一个。

经验第二条：不知道自己喜欢什么的话，先确定不做自己不喜欢的。

很多年轻人面对职业困惑请教前辈时，经常被问到一个问题：那你喜欢做什么呀？很多人是迷惘的。"不知道，我爱好挺多的，做什么都还行，又好像做什么都不精通，也做不长久，真的让我做一辈子我也不确定。"

年轻人不知道自己真正喜欢和擅长的事情是什么，这也很正常。

职业性格的成熟一般会在你做第二或第三份工作时体现出来。大约在 30 岁，那时候的选择会是你职业生涯的主体将要从事的工

作。所以对于第一份工作，**我建议你选择能够给你带来更多选择的行业，能够让你尝试各种不同岗位的公司。你喜欢和擅长的事情，真的要试了才知道。**

面前的活儿，不管是什么，都竭尽全力，贵人自然会来找你——第三次人生选择，从职场菜鸟到顶级翻译

当翻译期间，我在一年之内从打杂的小笔译，到部长会见、出访翻译，再到国际会议的翻译，不全是凭运气，还有努力。我的房间墙上贴满了电信专业术语和各国各地的名字，每天看行业新闻，了解每个会见公司的历史和时事，还有领导喜欢聊到的内容，比如诗词、足球、金融、酒……

新人就要有新人的样子，做什么都是锻炼。这样，在第一个机会来的时候，才能把握住；这样，才会有第二个机会。我没有主动要求任何事情，但后来我成了我们那里最年轻的部长出访随行翻译。

经验第三条：来到面前的活儿，不管是什么，都竭尽全力地完成。

有些人抱怨：自己的工作没意思，自己做的事不重要，继续做下去也没有什么发展潜力——尤其是从事行政、助理、HR 和财务等工作。

原以为到了一个挺好的公司，结果天天都在打杂，每天的工作无非就是打电话、接电话、贴票报销、订酒店以及处理各种麻

烦人的麻烦事，连谈恋爱的时间都没有。我通常这样回复他们：

⊙ 协助类的后台管理工作确实是烦琐和枯燥的，而且它有一个特点：做得好看不出成绩，一点儿没做好就特别显眼；平时没有存在感，一旦有点儿失误存在感就特别强，比如老板的飞机票订错了，团队聚餐安排得不得人心等。这是这类工作本身的特点，谁做都是这样。

⊙ 不要小看这些工作的意义和发展空间。外交部部长、发言人，驻外大使，很多是翻译出身；而很多公司的董事长、总经理、总监也都是助理出身。有的人在自己的岗位上，面对日常琐事细致、认真，面对突发状况积极应对。他们从来不抱怨因为没有什么，所以我做不了什么；而是考虑为了做成什么，我需要什么。他们了解客户、老板或同事的需求，想尽办法去满足这个需求。他们练就了非常重要的职业素养，积累了职业人脉。这样，怎么会没有发展？

⊙ 不要小看打杂，你以为老板的工作是什么？也是打杂，只是不同的杂而已。每项工作都有不得不处理的部分。

⊙ 很多人期待遇见贵人，其实最好的贵人就是你自己。你只负责做好手头的每件事，机会自然会来找你。

想想未来 30 年你会是什么样
——第四次人生选择，离开了"金饭碗"

有一次出访到英国，访问世界最大的移动运营商沃达丰，回国之后他们中国的老板和我联系，邀请我加入。我一口回绝，心想：我捧着"金饭碗"，工作也做得有声有色，干吗去外企打工？这位老板亲自致电，跟我说："你来和我聊一聊，互相了解一下，给彼此一个机会，如果最后还是决定不加入我们也没关系，毕竟在一个行业，多交一个朋友也可以。"

于是我和他见了一面，然后被他一个问题吸引住了：你想想未来 30 年你会是什么样？

我一想，当翻译的话，30 年后还是这个样啊，永远跟着别人，没有自己的声音。于是，我交了违约金，从单位的三居室搬出去，自己租房，加入了沃达丰。这位老板就是沃达丰（中国）有限公司总经理夏博士，我和他共事 14 年，直到 2015 年夏天。

经验第四条：像海蓝老师那样，每当我清晰地看到未来，就选择改变，也接受改变带来的代价。

真正的喜欢，不是看你可以得到什么，而是可以为它放弃什么——第五次人生选择，放弃了外企高薪

我在沃达丰一帆风顺，发展得很好，还成为沃达丰中国最年轻的管理层人员，与总部管理层、客户都建立了和保持着很好的关系。

公司也给了我很好的物质回报，让我得以在北京落地生根，过着体面舒适的生活。我原以为我会一直在这儿待下去，因为这一切没什么是我不满意的；我以为这就是我所喜欢和擅长的。

跟随海蓝博士学习是在 2014 年年初，当时是把这件事作为业余爱好，想搞定老公，增强与孩子之间的沟通；另外，自己没事的时候还可以做个公益讲座也挺好。不过在团队参与越多，越感受到这件事情的意义和价值。爱帮忙的个性，也让我很早参与团队建设。团队独立运营之后，我无法同时兼顾沃达丰的工作和协助团队的发展，几经考量之后，我离开了沃达丰。

从一个国际领先的大公司到一个刚刚成立的小公司，这个选择并不容易，因为这不光对我，对我的家人也是很大的改变。让我非常感恩和觉得幸运的是，我的家人都非常支持我追随内心的声音，也相信我的事业具有无限的价值。

2017 年 11 月，夏博士从美国回来看见我的第一句话就是，听说你现在的工资是以前的十分之一？是啊，而且工作量是以前的两倍；不过内心的快乐和充实却无与伦比。

经验第五条：真正的喜欢，不是看你可以得到什么，而是可以为它放弃什么。

如果说从翻译到外企的变化一般人还能理解，但从外企高管到幸福力传播者的变化就有不少人很难理解。说实话，我做出这个决定并不是一瞬间的福至心灵，而是经过了大约半年时间的思考和沉淀。

记得 2015 年春天的课堂上，我看到海蓝老师点拨学员、梳理案例之后，案主恍然大悟的样子，或者感动流泪的样子，我就跟着流眼泪。

老师当时问我，你是不是最近遇到了新的成长点，这么容易被触动？我说，不是的，是我的身体在跟我的过去告别，她已经做了决定要来这个地方。放下经营了 14 年的事业并不容易，但是值得。

突破以自己为出发点的格局，把关注点放在可以为他人做什么上面——第六次人生选择，加入海蓝幸福家

加入海蓝幸福家的时候我就在想：以后我到底是想当老师呢，还是协助运营？想当老师是因为我喜欢讲课，而且会得到很多认可和赞美，还能帮助人，很有成就感。做运营呢，是因为团队需要。

中国有那么多人需要情感启蒙，需要学习情绪管理、学习如何经营关系、学习如何幸福，为了帮助更多人，就要让我们的运作更规范、更专业、更有效。

我在心里问自己，哪个对你更重要？鲜花和掌声，还是能够帮助更多人？答案是，帮助更多人。好的，那么选择出来了。

经验第六条：突破以自己为出发点的格局，把关注点放在可以为他人做什么、创造什么价值的时候，内心的力量和确定感更为持久。

马斯洛的需要理论说，人的最高需要是自我实现。多年前我就知道这句话，但从未真正理解。来到海蓝幸福家，我逐渐体会到了自我实现的内涵。我之前的工作，大多是在贩卖所长，而不是贡献所能。

贩卖所长是凭自己的知识技能换取报酬，着眼点在我能得到什么；贡献所能是投身于一项在时间、空间和影响力都超越自我的事业上，并为之贡献自己的全部生命、力量和智慧，着眼点在我能为你做什么。

当我们把职业生涯理解成收入和地位，理解为名和利，那是贩卖所长；如果我们着眼在寻找自己内心真正相信的事业，并为这项事业添砖加瓦，在自己的能力范围内在所不辞的时候，便是贡献所能了。

我家的钢琴上摆着一个浑天仪，和汽车回转仪一个原理。它有一个不变的内轴（核心轴），还有很多可以动的外轴（旋转轴）。核心轴让汽车、飞机、轮船等无论怎么掉转方向，都能找到原来的航向。

我们也需要找到自己的核心轴，也就是核心价值，它是我们认为真正重要的东西，那是一个方向。而学历、技能、职位……都是旋转轴，是前往那个方向的途径，是路过的点。

我们并不是一开始就知道自己的核心轴是什么，也许要很多年以后，才慢慢地了解自己、认识自己。上面和大家分享的这些选择，在当时我并不知道会把我带向何方，也不知道它们内在有什么联系。直到2018年8月，在一次"深度个人成长"之后，我才第一次意识到贯穿每次选择的主线是什么。

选择学外语、当翻译、到政府机构工作、进入移动通信行业、转行到幸福家……这一切的背后一直有一条线——我希望帮助人们建立联结、互相理解，让大家都过得好。

小时候，我以为语言是影响人们联结的最大障碍，所以学外语、当翻译；长大后，我认为政府是促进交流最大的杠杆，所以去政府工作；再然后，我认为信息技术可以促进人的交流，所以选择通信行业；后来，我发现人和人联结的障碍不是来自外在，而是来自内在，于是转学心理学。

在职业选择上，我做得最对的事，就是从来没有违背自己的心。现在想来，我们意识的解读能力是有限的，而心的感受能力是无限的。始终跟着自己内心的声音走，便找到了自己的生命线，让人生有了方向。

有方向，在路上，何其幸福。

美

n

如何做出符合内心的选择
——指南针选择法

我们每天都要做很多选择，

你是觉得选择太多，不知道怎么选，

还是选择太少，根本没的选？

一、你内心究竟想要什么？
你可以为之付出的努力是什么

选择无处不在，事业、生活、婚姻、学习都需要选择；人生就是一连串选择的结果。

据调查研究显示，一个现代社会的普通人，每天至少要做 70 个决定。

大事需要选择，比如考研还是考公务员？回老家工作，还是坚持在北上广？出国还是留在国内？自行创业还是老老实实打工？找伴侣是选自己爱的，还是爱自己的？

小事也需要选择，比如今天吃什么，穿哪件衣服，看哪个电影。

有些选择会影响我们几天，有些选择会影响几个月、几年，有的选择甚至会影响我们一生。

当你需要对一件事情做出选择的时候，你是否会犹豫不决、瞻前顾后、迟迟做不了决定？还是在选择之后不断纠结、怀疑、后悔？

关于选择，我听到的最多的困惑是：

（1）选择太多，不知道怎么选，每个都挺好，每个又都不够好，似乎没有一个完美选项，非常纠结；

（2）有时候选完了就后悔，担心自己是不是选错了，但又觉得生活的现实让自己别无选择。

其实在选择的时候，最重要的是你内心究竟想要什么？你可以为之付出的努力是什么？今天我给大家介绍一个"指南针选择法"，通过五个问题，帮你做出由心而发的选择。

二、未来职业发展和现实生活责任之间，该如何选择

真实案例——不知道怎么选

分享人：玲子

居住地：北京

工作：银行高级职员

生活条件：供房、供车

问题：想选择新的职业实现人生价值，却因供房、养车、赡养父母的压力而感到茫然，难以抉择。

玲子：我是一个生活在北京的异乡人，最近正面临人生的困扰，那就是在未来新的职业发展规划和现实生活责任之间，我不知道自己该如何选择。

毕业至今，我一直在现在的单位工作。一切看起来似乎都还不

错，行业不错，环境不错，工资也不低，可是我自己却感觉越来越茫然。

如果能重新规划自己的人生，重新选择一个新的职业方向，有没有可能让自己的生命更有意义和价值呢？

可是，现实的压力却在不停地提醒我，不能随意放弃现在稳定的工作，除了要养活自己，我还得供房、养车，还得赡养父母。假如我做了一个让未来变得不确定的选择，这个时候如果又遇到家里出现一些突发情况，那么我还有能力去从容面对吗？

案例分析——如何确定选择方向

海蓝：关于选择，你的困惑是什么呢？

玲子：我应该选择什么方向，做什么工作？想到这些，我就会有一些困惑和搅扰。这么多年，我一直在重复同样的工作，我甚至都可以看到五年之后自己的样子。有时候想到这些，就挺恐惧的。我想去从事自己喜欢的事情，但又担心这样不能满足我基本的生活。因为自己要养房、养车，还有未来对父母的赡养，包括生老病死，这都是要面对的。目前我就是在这方面有点儿选择困难症吧。

海蓝：你是不知道往哪儿走呢，还是怕做了选择以后经济上会有什么问题？还是怕选了以后不知道结果会怎么样？你的困惑在哪儿呢？究竟想做什么，你想好没有？

玲子：我想从事海蓝幸福家的工作，就是传播幸福。

海蓝：幸福家的工作为什么使你感觉到不能承载你现在的生活呢？

玲子：因为现在在大城市生活，尤其是在北京，各方面的负担相对来讲还是比较重的。

海蓝：你觉得在北京生活，一年大概需要多少收入？

玲子：我还真没仔细想过这个。

海蓝：所以你在没好好想过的情况下，就认为从事幸福家的工作，等于没钱，等于过穷日子，是不是？其实很多时候，当我们考虑不清楚的时候，是因为正处在模糊不清的状态。咱们先一点一点理一理。首先，你妈你爸需要你赡养吗？

玲子：他们现在没有收入来源，就靠以前的积蓄。

海蓝：那他们自己的积蓄能够支撑多久呢？

玲子：维持日常生活基本上是没有问题的。

海蓝：有医疗保险吗？

玲子：没有，主要问题就是这个。

海蓝：所以你担心万一他们生病了怎么办，对吧？但你妈妈如果生病了的话，就你现在挣的钱够不？

玲子：要看是什么病，有可能也不够。

海蓝：也不够？所以这是一件不确定的事情，对不对？但就目前而言，你父母啥事儿都没有，他们自己有房子住也有饭吃，根本就不用你补贴他们。其实我想说的是，人生很多时候都无法预测未来；你所担忧的这部分，和你现在的生活其实没有什么实际的联结，那只是你想象当中的担忧，事实上并没有发生。

玲子：这几十年来，我一直惯性地在生活，好像还是自己心里缺乏一些安全感和对未来想要什么样的生活的一个认知。其实，就是不知道真正的幸福对我来讲到底意味着什么。究竟什么样的生活才是幸福的？

海蓝：那你现在觉得什么是幸福呢？

玲子：嗯，我觉得应该是有的吃，有的住，过这种平凡的生活就已经是很幸福的状态。

海蓝：那这种幸福一定要在北京有房有车？

玲子：好像……也不是这样。

海蓝：其实我觉得关键问题还不在这儿。你究竟想要一种什么样的生活，你究竟想要什么，你确定吗？

玲子：80%确定吧。

海蓝：我听到了一个最大的问题，就是你准备做很久的房奴、车奴。这是你唯一的选择吗？

玲子：也不是。

海蓝：那房子转手卖了，会有多少钱？

玲子：挺多的。

海蓝：你卖完房子的这个钱，不在北京，在别的地方，会生活成啥样？

玲子：那是很安逸的。

海蓝：那你觉得你的选择障碍在什么地方？

玲子：好像安全感这个东西，难道是靠外在的车、房和其他物质堆砌的吗？

海蓝：那问题出在哪儿呢？

玲子：我以为一定要有这些，一定得先把自己这边和父母的生活安顿好了，然后才敢全身心地去想幸福家这边的事。

海蓝：那什么叫安顿好？

玲子：就是有一定的物质保障。

海蓝：如果要把你房贷还完的话，你估计需要多少年？

玲子：嗯，反正我贷了 30 年。

海蓝：30 年后，你有多大了？

玲子：哎呀，好恐怖啊，我在不在还不知道呢！

海蓝：到那时候再开始实现你的梦想？

玲子：这笔账不划算，我想太多了。

海蓝：啥地方想多了？

玲子：其实这两件事并不冲突。从事幸福的事业，不一定非要等到怎么样的那一天才能去做。

海蓝：那等上 30 年，你估计会怎么样呢？

玲子：我的健康、寿命，还有理想可能都衰退了，想做的事也没做。然后这个过程还很痛苦、很辛苦，我可能会一直处于两种选择的碰撞和烦恼当中。

海蓝：你一定要辞职以后才能做幸福家的工作吗？有没有别的选择？

玲子：如果真的等到有一天，我自己也百分之一百地确定，这就是我一定要做的事情，我非做它不可，我觉得其他的可能都不重要了，我可以先兼职，然后再全职，这也不是不可能的。

海蓝：这样想以后，你现在感觉怎么样？

玲子：我觉得好像豁然开朗了。让我感到特别高兴的是，想要的那个答案越来越确定，而不是越来越远离。

海蓝：我觉得你的工作是确定的，而且它可以给你带来很稳定的收入。在任何选择当中，主要考虑的是我们的目标是什么，过程当中的困难在什么地方。很多人面对职业选择，首先看到的是特别美妙的光环；他们戴着一种玫瑰色的眼镜，可以把光环无限地放大。你对幸福家的向往，虽然是很好的，但其实真正进一步了解的话，你才可能知道它到底适不适合你。我们说到这儿，你现在的感受是什么？

玲子：很清晰了，选择从事幸福家的工作这个方向是不会变的。我原来所有的担心和顾虑，其实都是自己多想了。

海蓝：那你今天最大的收获是什么？总结三点。

玲子：第一，就是清晰了自己想要的生活状态到底是什么；第二，就是觉得以前自己把自己给绊住了，想太多了；第三，就是实现梦想一定要先想清楚，自己将怎么去行动，这个过程当中肯定需要承担和实践，而这是让你最快接近目标的最有效的途径。

海蓝：非常棒！总结一下，我觉得你的第一个困惑其实是目标不太清晰，你脑子里的想法总是东一下西一下——爸爸妈妈身体出问题怎么样？或者钱不够会怎么样？你的思想老是漂移。实际上，当目标不清晰的时候，就会出现这种情况。当明确自己想要什么，其他的东西都可以为这个目标服务。

其实很多人就是在一件事的好坏上纠结，所以就止步不前。纠结的原因主要是目标不清晰，不知道自己到底想要什么。现在你已经想清楚了，你心里的感受是什么？

玲子：除了轻松，我还感到挺欢愉的。

海蓝：你为什么感到欢愉呢？

玲子：因为我之前看不清楚，把自己卡在里面，刚才老师这么一疏导，我觉得对这件事情有了更明晰的看法。我觉得在幸福家感受到特别多的爱，这里的人教你如何活出真正想要的人生，然后就越来越有一种愿望，想把这种爱也传递给他人。

海蓝：亲爱的，你觉得我们对话当中哪三点对你帮助最大？

玲子：老师刚才问我，你最想要的是什么？这是一个。第二个，面临的最大的困惑和问题是什么？最后一个就是——怎么样做，才是更有利于靠近自己想的东西的方法。

海蓝：所以你现在有方法、有方向了？

玲子：感谢老师，刚才您帮我梳理清楚之后，就解决了"我不知道怎么选"的问题，我现在特别清晰地知道答案。

三、一般人做选择的时候，
容易陷入哪四大误区

从以上案例当中，我们可以看出，一般人做选择的时候，非常容易陷入四大误区。

误区一：非此即彼，非黑即白

在上面的案例中，玲子把这个选择变得特别局限——要么到幸福家工作，要么就保持现在的工作，这就让其他选择变得根本没有可能。这是很多人在选择时会陷入的一个误区。

玲子刚开始就认为，保持现有的生活质量和赡养父母，与从事她喜欢的传播幸福的事业是矛盾的，只能两个里面选一个。这就是一个非此即彼、非黑即白的陷阱。

但事实上，还有其他可能，因为这两者并不矛盾。如何避免这个误区呢？就是拓宽自己的选择。比如玲子，她可以既不放弃现在的工作，也不放弃心中的梦想，边工作，边探索，边尝试，在时机成熟的时候再做最终的选择。

误区二：貌似利弊分析，实则主观臆测

除了第一个误区外，还有就是我们自己脑子里想的好处和坏处，可能都是自己主观臆测的，并没有经过实践证实。

我们认为现在的工作环境不错，工资也不错，还能帮自己还房贷，赡养父母……总之好处特别多，但就是没有真正去考虑坏处是什么——坏处就是有点儿不喜欢，但我们其实对坏处并没有特别清晰的了解。其实仔细想一想，如果接下来30年的生命都这样过的话，这一辈子也就过去了。

我们身边有很多人都像玲子一样，似乎心里都有一笔账，两个选择的好处和弊端，都非常清楚。但仔细一问，其实是一笔糊涂账。

生活中，我们经常会用利弊分析来帮助自己选择、做决定；但实际上所谓的分析，很大程度上都是自己想当然的产物。诺贝尔经济学奖得主丹尼尔·卡尼曼曾经说过：人们其实早就有了自己的想法，只不过是在为自己的想法寻找支持的证据和理由而已。

真正的利弊分析一定包含深入仔细的思考、分析、数据和证据。

误区三：做选择时受情绪影响，不够理性

当下很多人做选择是基于自己的情绪，比如出于内疚、愤怒、恐惧……比如玲子担心不能赡养父母，那就意味着自己做得不好，不是一个孝顺的女儿。

再比如，有的人脾气来了就口不择言，一吵架就分手，一生气就辞职。最常见的是基于恐惧做的决定，90%的人做选择都是基于恐惧和害怕，因此非常容易选择一个相对安全的保守方案。

基于恐惧做出的选择，一般都不会是最好的选择。恐惧中，人的首选是逃避和封闭；而在逃避和封闭中，怎么可能做出利人利己，让自己感到快乐和幸福的选择呢？

误区四：过分自信，自以为是

还有些人过分自信。比如说工作，有些人就觉得现在的这份工作能够给自己带来一个稳定的收入，并且这种稳定的状态一定能持续很多年。这是一定的吗？万一这家公司破产了呢？或者是被裁员了呢？

很多时候，我们自以为是的决定，其实也不一定是对的。

很多人对于自己的判断非常自信，总认为自己是对的。比如说，有不少年轻人都有明星梦，觉得自己唱歌唱得好，可以当歌星；长得漂亮，就可以当演员。

我记得有一个年轻的女孩，觉得自己可以当歌星，就放弃了

一切，去参加各种比赛，但事实上评委发现她五音都不全，不具备做职业歌手的基本条件。

还有很多家长认为，给孩子最好的教育，就是把他们送进名校，所以千方百计，付出高昂的代价，甚至几代人搬迁，就为了让孩子进名校。

但实际上进名校和孩子成功、幸福，根本没有直接的关系。对有的孩子来讲，因为不适应，能力不足，常年落后于他人，反而形成自卑，造成心理创伤，影响孩子的自尊和自信。

四、实操练习:"指南针选择法"帮你做出 符合内心期待的选择

指南针法自测

请大家找一个安静不被干扰的时间和地方,认真思考并回答"指南针法自测内容"中的五个问题,本堂课最后有关于指南针法的具体指导。

如果你有一个确定的心愿,
就一定有一条可以到达的路——无法选择怎么办

很多人跟我说起,他们面临的情况根本没法选择,所以他们完全是受环境所迫,不得已这样。

我给大家举一个例子。

我在美国从医学转向心理学的时候,需要参加研究生考试。

如何做出符合我们内心的选择——
指南针法自测内容

01. 你究竟想要一个什么样的人生？也就是，当你走到生命终结的时候，自己处于什么样的状态会是满意的？

_____

_____

02. 哪个选择让你靠近这个目标，哪个让你远离这个目标？

_____

_____

03. 你可能遇到的困难、挑战和障碍是什么？

_____

_____

04. 为此，你愿意付出的代价是什么？

_____

_____

05. 最坏的结果是什么？如果出现，你打算怎么办？

_____

_____

如何做出符合我们内心的选择——
指南针法自测内容
（示范版）

　　小珍想要重新选择自己喜欢的职业并多留一些时间陪伴幼年的孩子成长，但老公和家人都不太愿意她放弃目前的高薪职业，这让她陷入纠结。这时，她用指南针法进行了自测。

---

01. 你究竟想要一个什么样的人生？也就是，当你走到生命终结的时候，自己处于什么样的状态会是满意的？

不愿一生为了赚钱忙忙碌碌，希望内在能继续成长，将过去的经历和困难转化为智慧和资源，为社会和他人贡献价值，帮助他人生活得健康和幸福。在孩子需要的时候可以给予他陪伴和支持。

02. 哪个选择让你靠近这个目标，哪个让你远离这个目标？

靠近目标的选择：选择和尝试自己喜欢的、擅长的、与帮助他人健康和幸福相关的工作。用心陪伴孩子，做孩子的榜样。远离目标的选择：听从他人的好恶做决定，无视自己内在的需求和曾经的创伤，做自己并不享受同时出差频繁无法陪伴孩子的工作。

03.你可能遇到的困难、挑战和障碍是什么？

与家人沟通中激发自己的情绪或创伤，经济压力，照顾家庭和孩子的压力。

04.为此，你愿意付出的代价是什么？

不管发生什么，坚持自己的方向，并每日投入时间和精力践行，静观、动身、成长、分享、助人、陪伴孩子。

05.最坏的结果是什么？如果出现，你打算怎么办？

最坏的结果是需要自己一个人面对各种生活压力，承担照顾孩子的责任。如果出现，有之前的工作经验积累，选个出差少一些的工作，至少也可以养活自己和孩子。在上海生活也不是唯一的选择，还有很多种生活的可能。需要的时候可以寻求家人、朋友的帮助和支持。

通过指南针法自测，小珍锚定了内在的核心价值观，发现最坏的结果其实是自己完全可以承受的，同时也更加清晰自己真正想要的是什么；即便从中看不到未来，她也愿意为了自己的目标和选择付出代价。

在美国参加研究生考试，有一个要求，就是要考 GRE（Graduate Record Examination）。我当时已经辞职，准备一心一意投身于心理学中，所以就在家里复习，准备 GRE 的考试。

我专门到图书馆借了一本书，回到家里自己测试了一下，结果只考了三十几分，而这个分数意味着我根本不可能被录取。

我算了一下，再用两年时间复习，估计这 GRE 我也过不了，因为其中有大量中学的数理化内容，而我当时已高中毕业二十年了，女儿当时还不到一岁；我估计一边独自带孩子，一边复习高中的内容，通过考试的可能不大。那是不是说希望就成泡影了？

其实 GRE 考试的主要目的，是测试你有没有能力完成研究生的学习，而我当时已经是博士后了，这一点足以证明自己有能力完成这个学习，所以我认为学校应该免去对我 GRE 考试的要求。

这听起来好像是一件不可能的事儿，但我决定给学校打电话，对相关负责人说明情况——基于我的具体背景他们应该免去对我 GRE 考试的要求。他们说从来没有人提过这样的要求，需要与系主任讨论。

后来，我和系主任通电话说：我在中国已经拿到博士学位，现在在美国做博士后学习研究，并且已经有文章发表在专业期刊上，而 GRE 的初衷应该是测试一个学生是否有研究生的学习能力，我觉得我过去的经历，已经完全证实我是有这个能力的，所以我认为，你们应该免去我的 GRE 考试。

系主任听完我的理由后觉得很有道理，表示要先跟校方沟通。结果很快他们就通过了我的免考申请，我也顺利入学了。

我想跟大家讲的就是，我们很多时候以为的不可能，其实都有可能。美国有句话叫："Where there is a will，there is a way."什么意思呢？如果你有一个确定的心愿，就一定有一条可以到达的路。

给自己修一条新大脑回路——对做出的选择感到后悔怎么办

下面是我跟玲子关于选择的对话场景：

玲子：老师，我还有一个问题，我经常会做一个选择，但是过后就会后悔。遇到这种情况，我想听听您的建议，我该怎么办？

海蓝：这种情况其实特别常见，心理学上有一个词，就是"fear of missing out"——害怕错过。这是人类共同的恐慌，其实我们每个人都会遇到这样的问题，总是担心自己是不是会错过什么，会错过什么好处。

另外我们都知道，大家做的每个决定，其实在那个时间已经竭尽全力，实际上是当时的自己能做的最好的决定了。所有的决定都会有得有失，都有代价。

我们要学会做一个决定，然后在实践中让它成为一个最好的决定，而不是把时间和精力放在犹豫上。你的犹豫没有任何的价值，不会为你的生活带来任何好处。

人是一个天生的负面思想家，不是后悔过去，就是担忧未来，或者比较今天，所以我们需要在反反复复的践行中修一条新的大脑回路：做一个决定，全力以赴让它成为正确的决定。

玲子：好，谢谢老师，非常感谢，我清楚了。

总　结
选择比努力更重要

　　人生的路，靠自己一步步走，真正能成就你的，是你自己的选择；真正能伤害你的，也是你自己的选择。选择比努力更重要。因为选择决定方向，方向错了，越努力错得越远；方向对了，走得多慢都是前进。

　　所以每当你要做出选择的时候，一定要找到内心的指南针，确定自己的方向。

　　人们总想做一个最好的选择，但这个世界上没有所谓最好的选择，你要做的，就是做一个选择，然后把它变成最好的选择——"Make a choice and make it right."

延伸阅读
指南针选择法的应用指导

张艳平
海蓝博士第 28 位静修生
海蓝幸福家全项教练
全球静观自我关怀中心正式老师
国家二级心理咨询师
简介: 13 年电力系统高层管理工作; 7 年国家社团工作; 2012 年 12 月成为海蓝老师的静修生, 开始全面系统地成长自己。2014 年经考核成为海蓝幸福家全项教练, 全职从事幸福力的践行和传播事业, 让自己享受幸福的同时, 影响和帮助更多渴望幸福的伙伴走上幸福之路。

这堂课, 海蓝博士教了大家指南针法, 这个方法涉及五个核心问题:

（1）你究竟想要一个什么样的人生? 也就是, 当你走到生命终结的时候, 自己处于什么样的状态会是满意的?

（2）哪个选择让你靠近这个目标，哪个选择让你远离这个目标？

（3）你可能遇到的困难、挑战和障碍是什么？

（4）为此，你愿意付出的代价是什么？

（5）最坏的结果是什么？如果出现，你打算怎么办？

接下来，我就以我自己的职业转型和选择为例，分享如何更好地应用指南针法的这五个问题。

第一步，你究竟想要一个什么样的人生

也就是，当你生命终结的时候，自己处于什么样的状态会是满意的？这个问题，其实是厘清自己人生长远目标的一个过程。只有方向正确了，才可能离自己的目标越来越近。但是，这不是一个一下子就能够弄清楚、有答案的问题，而是一个需要持续不断地探索的过程，可能是几个月，也可能是几年，或者更长的时间。

2012 年，我是一名北漂，在北京一个国家社团组织做培训管理和人事工作。工作轻松，待遇尚可。但轻松之余，有很多的迷惘。工作不是自己喜欢的，虽然我做事兢兢业业，却一直没有快乐和成就可言。

日子就这样一天天消逝，直到有一次，我 10 岁的儿子放暑假，我带他到香港玩，结果我们之间不断爆发各种冲突，我惊愕地发现，我以为很牢固的亲子关系，居然出现问题了。

对这个问题我是很在意的。于是，我开始迫切地寻找解决问

题的途径。非常幸运，我遇到了海蓝老师的家长课堂。听了一次为期三天的家长课堂之后，我受益匪浅，同时内心的职业梦想也清晰地浮现了。

我是一名师范毕业生，虽然由于各种原因没有从事教育工作，但我对中国的家庭教育还是有一些雄心的，我一直认为，这一领域有很多可以贡献的地方。我与儿子之间问题的出现，让我潜伏的梦想浮出水面，而海蓝老师深入浅出的理论、精准而深刻的剖析，为我实现家庭梦想找到了方向。

接下来，我利用三个月的时间，做出两个选择：

（1）准备办理辞职手续，回家跟儿子生活在一起；

（2）参加海蓝幸福家静修生的学习。

大家注意，在这个时期，我并没有完全厘清自己究竟想要什么样的人生。但我看到了两点：

（1）我现在所拥有的生活，不是我想要的人生；

（2）我非常明确，跟儿子的关系，是比工作和其他东西都更重要的事情，所以，无论未来从事什么样的工作，为了儿子，必须回去。

所以，我果断地做出了这样的决定。而在接下来的学习中，随着学习的逐步深入，我的人生目标也越来越清晰。现在，我是海蓝幸福家幸福传播者之中一颗幸福的、忠诚的种子。在这个平台，我在一步一步地接近自己，通过帮助他人，来实现自己人生价值的目标。

第二步，哪个选择让你靠近目标，哪个选择让你远离目标

当时，我已经厘清一点，我需要拥有幸福和谐的家庭关系，拥有持久亲密的亲子关系。所以，我辞掉北京的工作，回到家乡与家人生活在一起，这个选择让我离我的目标越来越近。而参加静修生的学习，是丰盈和提高自己，让自己具备和家人、孩子和谐相处的能力，这也是让我离这个目标越来越近的选择。

第三步，你可能遇到的困难、挑战和障碍是什么

做一个选择，首先是明确目标，其次是盘点资源，然后是找到自己的卡点，也就是阻碍自己到达目标的障碍和因素。

我遇到的困难、卡点和障碍是挺大的。

第一，我不是一个善于理财的人，之前虽然收入不错，但手头几乎没有什么存款。我一旦离职，就失去了经济来源，而爱人当时的主要任务是在家照顾孩子，收入并不高。

但我当时算了一笔账，假如我没有了收入：首先，我们家没有什么特别的支出——有房子，有车子，没有贷款压力，维持基本开销没问题；其次，孩子上小学，学费也很少，没有什么特别的压力；剩下就是吃饭了，吃饭问题基本都是婆婆解决的。所以基本生存是没问题的。

第二，家人、朋友的反对。我的父母虽然对我这个决定不看

好，但也没有明说；婆婆看我天天待在家里，也很是无奈和无助；我姐姐的表现特别的明显，天天指责和唠叨不止。

姐姐其实并不知道我要干什么，只是因为我辞职就无端地反对，指责我不成熟，错过了多少的机会等。说真的，姐姐的话对我是有搅扰的，所以，只要听到她说，我就心烦。

但我已经做出了决定，而且我知道我想要的是什么，所以后来干脆不接她电话，不去跟她见面。我用这种方法来减少杂音对自己的影响。

直到我学习两年之后，我们当地的一个很有名气的幼儿园请我给他们幼儿园小朋友的家长讲课，我把我姐请进了课堂。姐姐听了一次课之后，再也不说我了，反而一遇到孩子的问题就找我，我又重新成了她口中的骄傲。

现在，我的爸爸、妈妈、婆婆和我身边的其他人，都很羡慕我。我天天待在家里，不仅不耽搁照顾孩子和家人，而且还拥有一份幸福、快乐、收入不菲的工作，他们觉得这才是享受人生。

所以，在我们选择的过程中，家人、朋友对自己的选择有微词，是很正常的。因为他们并不知道你的选择的前因后果，以及你未来的发展方向，有时候就算你跟他们说，他们也未必能完全理解。但是他们的初心是为了你好。

但反过来想一下，我们会受到他人的搅扰，或许是因为自己还没有真正做好选择，对自己的选择还不够确定。而当自己足够确定的时候，别人的态度就无法对你形成影响了。

第四步，你愿意为此付出的代价是什么

任何选择都有代价。舍得舍得，有舍才有得。在做选择的时候，我们真的需要好好想一想，你愿意为了这个选择而放弃原有的生活、环境、同事吗？如果你的新选择并没有你期待的那么满意，甚至最终你可能会半途而废，那么，你会为此而后悔吗？

这个问题，我不止一次问过自己。当时，我的内心真的很纠结，因为我要为此付出的代价是，放弃经营了七年的工作。当时，对于那份工作，我做起来游刃有余、驾轻就熟。但是，我问自己，我真的愿意为了自己未来的梦想，为了自己的目标而放弃这份工作吗？

我的答案是，非常肯定。即使在海蓝幸福家的学习不能帮我实现我的职业梦想，对于我的人生来说，这段经历也是我需要的，也是我愿意付出辞职、借钱、返乡等代价的。

当然，因为我的坚定，我发现我付出的代价，其实就是我的决心和确定感的体现。所以，现在我不仅收获了学习和人生阅历的财富，还收获了理想的职业，正走在实现人生梦想的路上。

第五步，最坏的结果是什么？如果出现，你打算怎么办

这是指南针法中非常重要的一步。你有没有做好接受最坏结果的准备？如果最坏的结果真的出现了，你有应对的措施和方案吗？

当初，我辞职借钱开始学习的时候，也考虑过，如果学习之后，我还不能从事自己希望的职业，或者说自己希望的职业并不能保证自己生存的时候，怎么办？

我当时的考虑是，我就这样投入全部的心力来学习，我并不期待得到什么，但我相信，这一年学习的成果，已经值得我付出的一切了；未来我无论从事什么工作，在这里的学习都一定是令我受用终身的财富，这还不够吗？足够了！

事实上，一路走下来，人生路上出现的所有结果，都比我想象的最差的结果要好很多很多。

所以，在选择的过程中，一定要认真想一想，如果做了这个选择，最坏的结果是什么？你是否可以承受？如果最坏的结果出现了，你的应对方案是什么？如果还没有做好这个准备，那么，你可能还会继续纠结一阵子。

回望七年前，简直恍然如梦啊。感谢自己当初果断的选择和决定，让自己找到了想要的状态。我跟儿子的关系重新恢复到原来的亲密状态，这种状态持续至今。不同的是，原来他在我怀里撒娇，现在变成我躺在他厚实的胸膛上耍赖了。

而且，为了修复跟儿子的关系，我连带着把亲密关系也给搞定了。之前，总认为老夫老妻了，也就这样了，没想投入更多精力在亲密关系的经营上，但是，亲子关系不仅取决于父母与孩子的关系，更取决于父母之间的关系，因为爸爸妈妈的甜蜜幸福就是孩子最好的港湾啊！

而且，我还得到了一份意外的收获——事业。2014 年，经过海蓝幸福家严格的考核，我成为海蓝幸福家教练。七年来，我已经跟随海蓝老师帮助和影响了超过 10 万人。我在幸福和快乐的生活中，利用自己的所学所用，一步一步地实现着自己的人生梦想。

　　海蓝老师说，做一个选择，让这个选择变成正确的选择。使用指南针的五步法，做出正确的人生的选择，为幸福人生保驾护航。

第四堂课
Lesson
4

如何缓解你的社交压力
——自我陪练法

你有社交焦虑吗?

在公众场合,

你是否容易紧张、脸红、手足无措?

该如何应对社交焦虑,

缓解紧张与压力呢?

一、人类最害怕的事情中，
　　排在第一的是面对公众讲话

任何人都可能会有社交焦虑

我们每天不可避免地要和各种人打交道，比如亲朋好友小聚，和同事或领导谈话，与客户沟通，甚至面试、演讲等，这些都是社交。

对有的人来说，交友、聚会、面试、工作等社交活动是再正常不过的事；但对另一些人而言，情况则大不相同，他们对这些活动避而远之，不敢社交，不愿社交，不能社交。

你或许认为后一种人是天生羞涩、内向，其实不是。**不管内向还是外向的人，都可能会有社交焦虑。社交焦虑是一种与人交往的时候，觉得不舒服、不自然、紧张甚至恐惧的情绪体验。**比如：

在别人面前觉得害羞或不好意思，因此不主动或不愿意和他人说话，不敢与权威人士交流，与普通人打交道也有障碍；

不愿意成为别人注意的焦点，不敢当众发言、演讲；

担心别人觉得自己不好，或害怕别人觉得自己愚蠢；

在离开使自己焦虑的场合后，依然会回顾当时的场景，持续感到焦虑不安。

社交焦虑不仅表现在情绪上的害怕、恐惧或焦虑，在身体上也有所表现，如心跳加快、出汗、发抖、口吃、脸红、肌肉紧张、恶心、腹泻等。

很多人认为，社交的成败在于一个人是否会说话，但真正的关键是个人的心理状态。电影《国王的演讲》讲述了英国女王伊丽莎白二世的父亲乔治六世的故事，他自小懦弱、口吃；后来在语言治疗师的帮助下，他克服了心理障碍，还在"二战"前发表了鼓舞人心的演说。所以，要克服社交焦虑，其中最重要的因素在于克服心理障碍。

这堂课，我会跟大家分享"自我陪练法"，教你如何应对社交焦虑，缓解紧张和压力。

人为什么会有社交焦虑呢？首先，我想告诉大家，社交焦虑非常普遍。

心理学研究者对美国及其他许多国家的调查显示：40%的人认为自己经常是害羞的，40%的人认为自己以前比现在更害羞，还有15%的人承认自己在特定的某些场合会感到害羞。而只有5%的人认为自己从不害羞。

有科学调查显示，人类最害怕的事情清单中，排在第一的不是死亡（死亡排在第二）。那是什么呢？是面对公众讲话。所以有一位作家说，如果参加葬礼的话，要在葬礼上讲话，还不如躺在棺材里。

人为什么会有社交焦虑呢？它是怎么形成的？怎样可以化解呢？

下面，我们一起来看一个案例。

分享人：婷婷

居住地：哈尔滨

工作：私营业主

问题：从不主动与人交流，更不会求助，害怕被对方拒绝，特别怕见领导、权威人士。

婷婷：我觉得我最主要的问题就是，外表看起来我很正常，性格很开朗，也很有能量，让人觉得我不可能是一个有社交焦虑、恐惧的人。但其实我的内在特别纠结，也特别恐惧。比如我在拜访客户的时候，只要一进这栋楼，我的心就揪起来了。然后就开始想，第一句话我说什么，需要什么样的表现。虽然我觉得自己本来已经准备得很充分了，可是实际去了之后好像只有五分之一甚至十分之一的表现，然后自己对此也不是很满意。

熟悉的朋友的话，大家见面就是点个头打个招呼，不会再继续深入地去谈一些什么事。我们的谈话可能通常到我这儿就会中断。我时常有这样的恐惧：怕别人看不起我，怕被嘲笑，怕别人觉得我不好……所以我就不说话，只在旁边听和笑。这就是我平时的表现。

如果在街上，比如说我要找一个门店但是找不到，一般人会问陌生人，我想去这个地方，你能告诉我在哪儿吗？但这种问题我问不出口。我只会反复地挡着这条街，从头走到尾，从尾走到头，反复地找，最终我还是通过自己的努力找到了，但是浪费了好多时间、好多精力。就算是这样，我也不会去跟陌生人开口。

我觉得这很难，怕对方拒绝我。其实我自己也挺不满意我现在这样的状态。我觉得不会有人像我一样（就是社交焦虑、恐惧的状态）。所以我的内心特别渴望我是那样——我是一个健谈的人，是一个受大家喜欢的人，是一个能够被大家接受的人，这就是我想成为的样子。

社交焦虑对一个人的伤害有多深

海蓝：婷婷，听说你有社交焦虑？

婷婷：对。

海蓝：社交焦虑有的是碰到陌生人时的焦虑，还有的人见权威人士会焦虑，哪一种对你影响比较大一点儿？

婷婷：见比较权威的人，还是挺恐惧的。

海蓝：你平时大概一年见多少？

婷婷：大概两个月一次吧。

海蓝：你恐惧到啥程度？

婷婷：就是表面上在能够控制的范围内，内在已经翻江倒海了，整个人都是紧的。

海蓝：除了紧以外，还有什么感受？

婷婷：心跳会加速，手心出汗。

海蓝：那吓得不轻了。

婷婷：好像是。

海蓝：那啥时候你最紧张？

婷婷：快要见到那个人的时候，可能在电梯上或者在走廊里，这个时候是我最紧张的时候。

海蓝：怕领导的事儿从啥时候开始的，你知道吗？

婷婷：十年了吧。我24岁的时候，那时候交了一个男朋友。

海蓝：他是领导？

婷婷：也不是特别大的领导，就是所谓的领导。他总是跟我讲，你去见的这个领导，如果是个男的，他肯定会对你有企图。等我回来以后他还会问这问那。

海蓝：基本上一见领导，回来以后他就对你一番审问？

婷婷：一个是要审问，还有就是因为这件事儿他会不高兴。

海蓝：他不高兴会怎么样？

婷婷：不高兴他就冲着我喊。

海蓝：他冲你喊，你怕不？

婷婷：我觉得一开始挺害怕的，但后来都麻木了。

海蓝：你说到这里为什么眼睛里有眼泪呢？

婷婷：我觉得其实现在想想，那个时候自己年纪小，经历得也不是很多，认识的人也很少，还不能够认清他究竟是一个什么样的人，然后耽误了我那么长时间。我觉得心里是有很深的创伤的。

社交焦虑的形成有前恋人造成创伤的原因

海蓝：你提到你曾经的男朋友给你心里留下了创伤，那你能不能想到一个具体的事件？

婷婷：那时候为了我的事业发展，我去参加了一个总裁培训班。在总裁班里的同学都是事业有成，可能都是三四十岁，然后他也特别抵触我跟他们接触。比如说，我们全班同学出去吃饭，他会不停打电话，反复地催我早点儿回去，不许喝酒。然后等我回去就说我学这个没有用，还让我少跟他们接触。他就是限制我的交友圈。

海蓝：好，那你能不能把眼睛闭起来，回想一下曾经的一幕，你见领导以后回到家，发生了啥？

婷婷：我想到的是，我跟这些同学在一起吃饭，然后他给我打电话，他质疑我，究竟是不是在这个饭店吃饭，他还要求服务员接电话。然后他就跟我说，行，我现在知道你在哪儿了，如果你现在不回来的话，我就去找你。我当时就特别无奈。

海蓝：想到那个场景，你的感受是啥？

婷婷：我觉得我还是挺害怕的，我现在手心还在出汗，我的心也特别紧。

海蓝：现在吸气呼气。伴随着每次吸气呼气，把你的紧张慢慢呼出去；再随着每次吸气呼气，看能不能让自己的心慢慢平静下来……你现在感觉怎么样？

婷婷：好多了，刚才不好的感觉可能都到了七八分，现在可能是三分。

海蓝：好的。那么，这个场景当中什么让你最紧张、最害怕？

婷婷：他说，如果我不回来，他现在就来找我。

海蓝：他如果来了的话，会怎么样？

婷婷：他就会当着所有人的面把我拽走。

海蓝：那会怎么样？

婷婷：最后的结果就是，大家可能以后都会远离我。

海蓝：你想想看，一帮总裁一看他来了，吓得就像耗子见了猫一样都跑了，会发生这样的事吗？

婷婷：也不是那样。

海蓝：那你觉得会怎么样？

婷婷：我想他们还是会帮着我的。

海蓝：哪个可能性比较大？

婷婷：大伙帮着我的这个可能性比较大。我觉得大家不会都远离我。

海蓝：那回到那个时候，我们现在看到了一个真相，其实他也没那么大的本事。真要那样的话，你班里的同学还会站出来帮你呢，所以这样的话就把你不合理的恐惧释放出来了。那想到这儿你有什么感觉？

婷婷：我现在觉得身体还挺放松的，心里也觉得挺舒服的。

海蓝：我觉得你的社交焦虑和这段经历有关。因为每次，只要是和领导相关的事，尤其是和男性的领导相关的事，就会让他非常不高兴。你那时候年纪又比较小，所以会感到非常恐惧。

对你来说，见领导就等于被攻击，见领导就等于被质疑，见领导就等于被贬低，所以只要是和领导相关的事，就变成你的一个条件反射了。后来再见领导，你都不知道为什么，自动就会手心出汗、心跳加快、身体发紧。

在这个过程中，你的大脑中建立起了一条回路，几乎是一个本能反应，都不知道为什么你就会害怕、紧张。如果我们今天没有把这件事说出来，它就变成一个潜意识——只要你见男性领导，回来以后你男朋友就会批评你，就会指责你。在你心里，见领导就等于被指责、被批评。社交焦虑的核心，就是怕被否定，怕被不认可。

婷婷：对。

从以上案例我们可以看出，社交焦虑的形成有很深的个人经历的原因，在心理学上，我们叫它创伤。创伤指的是发生在至少一年以前，现在想起来依然在身体上和情绪上感到不适的事件。

婷婷在开始的时候提过，她去见领导，尤其是男领导的时候，会有莫名的恐惧和焦虑，心跳加快，手心出汗，虽然意识里认为这是正常的、必须做的，但是莫名其妙就会感到焦虑。这种身体和情绪自动化的反应，一般和创伤有关。

她的前男友，在她每次与权威男性接触后，对她的攻击、贬低和否定，不断强化她的焦虑。如此恶性循环，在不知不觉中，恐惧和焦虑就成为她面对权威人士的默认模式：一见到权威人士，就会自动地、在没有意识的情况下认为他的肯定或否定，可以决定自己的命运，决定自己是不是好人、会不会成功，所以她会非常紧张焦虑。

社交焦虑的形成有原生家庭的原因

海蓝：除了前男友对你的影响，还有没有其他的事情让你内心产生恐惧？

婷婷：我小的时候有将近两年的时间，是留守儿童，跟爷爷奶奶生活。我从小他们就没怎么关心过我，那时候我特别想我爸我妈，但没有条件。

海蓝：所以当时你的内心会不会觉得爸爸妈妈抛弃了你？

婷婷：有这种感觉。而且我爸一直以来对我都比较严苛。我是后来听我妈说的，我很小的时候，大概两三岁，当时我爸情绪不好，我可能在他边上有点儿吵，他就把我从床上踢到地上。然后我不敢在我爸面前哭，更别说像其他孩子一样在爸爸面前撒娇。

海蓝：其实你这不光是一个被否定的问题，最终极的否定是抛弃。所以我觉得最深的根源在这儿，因为你觉得不听从就会被抛弃，所以你在跟你男朋友相处的过程当中，才会有那样一种被控制的关系。

婷婷：好像是这样。我小时候不敢违背我爸，后来也不敢违背男朋友，就比如去哪儿吃饭，跟谁见面，我都得跟男朋友说，不然他就会很生气。

海蓝：从这我们就可以看到，在你跟前男友的关系中，你是非常恐惧的，你害怕被抛弃，所以你不敢自己随便做一个决定，包括去哪儿吃饭，跟谁去见面，你好像一点儿自由都没有。在你心里，他就是权威；正是这样，造成了你心里的恐惧。

一个是你小时候爸爸给你留下的创伤，一个是每次你见领导男友就攻击和伤害你，所以使你在成长过程当中，形成了一种认知：只要是官大点儿，比你岁数大点儿的那些人，一般来讲，给你带来的温暖是非常少的。

婷婷：对。

通过梳理，我发现，婷婷在两三岁的时候，有一次被情绪失控的爸爸踢到了床下；成长过程中，爸爸也一直严厉多于温暖。这一点也使她在潜意识中产生了对权威男性的恐惧。

长大后，在和前男友的关系中，每当男友发怒的时候，那个曾经受伤的小姑娘就会被激发出来，她就会陷入恐惧、被控制、无助的状态。

对于小孩来讲，大人是能够决定他们命运的。可是现在婷婷已经不再是七八岁的孩子，为什么还会对权威产生莫名的恐惧呢？那是因为我们的情绪反应在见到权威的时候，又回到了我们小时候见到大人的那种反应。你自然而然就把那个人放大成一个能够决定你是不是好人，甚至决定你的命运的形象。

如何打破社交焦虑背后的恐惧模式

海蓝：请继续闭着眼睛。对于你来说，见熟悉的领导还是陌生的领导感到特别恐惧？还是见任何领导都很恐惧？

婷婷：任何吧，没有什么区别。

海蓝：还记不记得最近一次见领导感到特别紧张是什么时候？

婷婷：两个月前。

海蓝：回到那个场景。你现在是什么感受？

婷婷：还没等进大楼呢，心就开始揪起来了。

海蓝：身体什么地方不舒服？

婷婷：我的心。

海蓝：心的紧张程度在几分？有五六分吗？

婷婷：对，已经五六分了。然后看着电梯的楼层越来越高，分也就越来越高。

海蓝：当你已经到了那个领导所在的楼层时，紧张程度有几分？

婷婷：七八分吧。

海蓝：现在身体哪个地方是最紧张的？

婷婷：心最紧张。

海蓝：可以的话，请把手放在胸前靠近心脏的位置，感受一下自己手的温度。愿意的话也可以把两只手都放在那儿。然后吸气呼气，问你的心脏，它怕什么？

婷婷：我觉得是怕别人说我不好，对我不认可。

海蓝：如果你不被认可会怎么样？

婷婷：以后在事业上可能会失去很多机会，可能就会制约我的发展。

海蓝：制约什么发展？你会怎么样，没吃没喝就住街上了吗？

婷婷：那倒不会。

海蓝：那会咋样？

婷婷：最终是说明我不好，我不如别人。

海蓝：吸气呼气。现在请你想一下，是不是你去见的那个领导不认可你的话，你的事业就一定会发展不好吗？

婷婷：嗯……我觉得也不一定。

海蓝：他对你的事业的影响，能够占多少百分比呢？

婷婷：我觉得 20% 吧。

海蓝：最多也就 20%？

婷婷：对。

海蓝：即便有这个影响的话，那你觉得是不是也能找到别人来替代这 20% 呢？

婷婷：嗯，现在想想是的。

海蓝：再想想，如果没有别人发展得好的话，你就是一个不好的人吗？

婷婷：我觉得一个人的好坏不是单单靠事业来衡量的。

海蓝：那一个人好不好根据啥衡量？

婷婷：首先看这个人本身的品质。

海蓝：那你觉得自己是一个什么样的人？

婷婷：我觉得自己是一个善良的、正直的人。

海蓝：所以即便你在事业上没有别人发展得好，你也仍然是一个善良、正直的人，对不对？

婷婷：对。

海蓝：你觉得一个善良、正直的人是不是一个好人，一个优秀的人？

婷婷：是的。我也不会因为别人对我的印象好坏而改变，我仍然是一个善良的、正直的人，是一个乐于帮助别人的人。我也以此为傲。至于他喜不喜欢我，是他的事，对我的事业其实也没那么大影响。

海蓝：把别人作为一个决定我们命运、决定我们事业、决定我们是不是好人的审判官的时候，其实挺吓人的。你想想，见大法官那肯定是很紧张的，对不对？而且你的命运在他手里。但其实并不是那么回事。

婷婷：对，其实不是那样。

海蓝：你是不是好人这个谁说了算？

婷婷：这在我自己心里有数。

海蓝：你的事业发展得好不好决定权在谁那儿？

婷婷：也在自己。

海蓝：你现在想想，觉得自己之前的想法咋样？

婷婷：觉得挺可笑的。

海蓝：好的，再回到你要去见领导之前的场景。你到了停车场，下了车，你现在什么感觉？

婷婷：现在觉得挺轻松的了。就觉得，也没咋样。就是正常去，有事儿说事儿。

海蓝：出了电梯，进了办公室，再看看领导，现在啥感觉？

婷婷：就是很正常地交流，然后我也不再是我原来那种很讨好的样子了。

海蓝：那你再看这个场景，你自己是什么样？

婷婷：思路很清晰，把我想表达的东西、想说的事情都说得很清楚。

海蓝：那你有没有看到一个自己愿意看到的状态？

婷婷：这就是我期待的状态。

海蓝：你觉得这种状态你自己能做到吗？

婷婷：我现在觉得没问题。

恐惧是一种非理性的情绪，不是大脑思维的过程，而是本能。婷婷的恐惧来自她心里这样一个等式：

他不认可 = 事业完蛋 = 自己不是好人

有人不认可自己就等于事业完蛋，等于自己不是好人吗？经过梳理，婷婷发现这两个等号都不成立。她看到了自己身上的优秀品质，看到了自己其实就是自己希望成为的好人，事业无论如何也不在别人手里，而是在自己手里。

但同时，要知道，一次梳理不会彻底解决婷婷的社交焦虑，以后她面对权威时，可能还会有自动化的反应。这需要更加深入地梳理，以及持续地践行和成长，才能彻底解决。

我想对所有的朋友说，根本性地解决社交焦虑问题，需要系统、深入地梳理，因为它的根源来自创伤；一两次的课程，不可能彻底地解决问题，而需要不断面对和践行，直到新的大脑通路形成。

我们把梳理社交焦虑的方法总结一下:

（1）回顾最开始产生社交焦虑的场景。一般都发生在早年，自己的能力不足以理解和应对当时的害怕和恐惧。像婷婷早年遇到第一任男友的时候一样，不知所措。

（2）回顾当时感受到最害怕、最难过的时刻和画面。

（3）一次次地回想和面对。在面对中放下伤痛，直到不再明显地感到害怕。

（4）自己清晰地意识到并且看到社交焦虑产生的前因后果。

（5）在实际生活中，反复练习，直到焦虑慢慢缓解甚至化解（这是最重要的一点）。

另外，情绪梳理的最核心技能是"静观自我关怀"，如果想了解更多如何与情绪相处的方法，建议大家仔细阅读三本书:《不完美，才美Ⅱ：情绪决定命运》《自我关怀的力量》《不与自己对抗，你就会更强大》。后两本书是"静观自我关怀"创始人 Kristin Neff 和 Christopher K.Germer 博士所写。

如果有的焦虑和过往自己不能梳理，请寻求当地专业心理咨询服务机构帮助；你也可以来幸福家继续学习。

二、实操练习：
自助缓解社交焦虑——自我陪练法

在日常生活和工作中，如果你遇到社交焦虑的时候，身边没有专业人士帮你梳理（像我引导婷婷那样梳理）该怎么办呢？下面我跟大家分享一个你可以自助的方法，缓解社交焦虑。

我将分三个阶段来跟大家讲如何化解社交焦虑：事前、事中和事后。

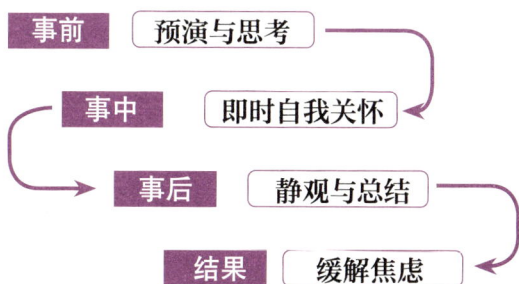

事前 预演与思考

事中 即时自我关怀

事后 静观与总结

结果 缓解焦虑

如何在事前缓解社交焦虑——预演与思考

（1）有社交焦虑的人通常非常紧张、害怕，害怕的核心是怕被别人否定、笑话、不接纳自己，所以可列出自己可能会感到焦虑的场景。

（2）在会面、活动、发言和演讲之前，自己练习彩排整个过程，直到非常熟悉并掌握整个内容和过程。

（3）想象一下，在整个过程中，哪些点是你最害怕、焦虑的？你准备怎么化解和关怀自己？

（4）思考可能出现的最坏的情况是什么，如果出现了会怎么样？你准备怎么办？

如何在事中缓解社交焦虑——即时自我关怀

有的时候，事情发生得突然，没有时间事先准备；有时即便做了准备，也依然会感到焦虑怎么办？这个时候可以做"即时自我关怀"的练习。

这个练习是静观自我关怀的一个基础练习。静观自我关怀的创始人是哈佛大学临床心理学家 Germer 博士，他是我非常尊重的老师，也是我最喜欢的一位知行合一的老师。

Germer 博士很有风度，也很风趣幽默。可实际上，他受公众演讲焦虑的困扰有 20 年之久，每次讲课或做演讲都很紧张。他尝试了各种办法缓解自己的焦虑，包括运动、心理暗示等，可惜都没有显著的效果。这让他非常痛苦，要知道，他可是哈佛的老师啊。

后来他发现，焦虑的核心是羞愧，是认为自己不够好，或怕别人认为自己不够好。而解决社交焦虑的核心，是自我接纳和自我关怀。

什么是自我关怀呢？自我关怀就是像对待最好的朋友那样对待自己。你可以先做几个深呼吸，平复一下情绪，然后对自己说：

我现在感到很紧张（担心、害怕、无措、羞愧等），

很多人在这种情况下都会紧张（担心、害怕、无措、羞愧等），

我并不是唯一有这样感受的人，

愿我宁静，愿我接纳自己的焦虑，愿我善待自己（任何想祝福自己的话语）。

如何在事后缓解社交焦虑——静观与总结

一方面，我们可以做一个自我接纳的静观练习，安抚身体，平复情绪。课后的延伸阅读会提供一个自我接纳练习的引导词，鼓励大家尝试跟随练习。

待心情平静时，可以对上一次的事件进行总结。丘吉尔曾经说过：你能往回看多远，就能往前看多远。

对于已经发生的事情，我们可以这样总结：

这次的事情当中，有哪些地方我做得好，有进步？

有哪些地方是可以提升的？

下次如何可以做得更好？

总　结
说让关系靠近的话，做让关系靠近的事，
利人利己才是硬道理

这一课，我们一起探讨了社交焦虑这个重要话题。

人际交往的核心是希望关系能靠近，说让关系靠近的话，做让关系靠近的事。利人利己才是硬道理，其他一切都是浮云。

社交焦虑的核心是恐惧和羞愧感，怕自己表现不够好，怕被人笑话，因而不被接纳、认可、喜欢。要从根本上解决社交焦虑，需要系统地梳理造成焦虑的原因和根源。

我相信通过这堂课的学习，当恐惧和羞愧再次来临时，至少你可以提醒自己："我又担心自己不够好，我又觉得自己不够好了。"能够将情绪和我们本身分离开来，本身就是一种进步。

延伸阅读
愿你善待自己
——自我接纳静观引导词

当你感到任何不舒服的时候，都可以做这个练习

前面和大家分享的"即时自我关怀"练习，是以静观自我关怀为基础的练习，当你感到对自己不满、自责、愧疚，或感到焦虑、压力和其他情绪不适时，都可以做这个练习。

这个练习通过放松身体、安抚情绪和自我关怀，来调整自己的"内部对话"——不是用批评、指责的态度对待自己，而是带着爱和善意接纳自己、关怀自己。

当然，自我接纳和自我关怀并不是对自己放任自流、得过且过，也不是给自己的过失或不足找借口，更不是自我怜悯。

科学研究表明，自我关怀程度高的人，更容易关心和帮助别人，更敢于面对挫折和失败，并进行再次尝试；自我关怀程度高

的人也更加自律，能够做出对自己长期有益的智慧选择，而不是贪图一时之快。

如何使用"自我接纳静观引导词"

本引导词为 5 分钟左右，您也可以根据自己的情况，多做几次深呼吸，或反复对自己说自我接纳和自我关怀的话语，将练习延长到 10 分钟或 15 分钟。

（1）请大家以一个舒服的姿势坐下，保持后背直立。轻轻地闭上眼睛，或者半睁半闭。

（2）我们一起来做几个缓慢而深长的呼吸，随着每次呼气，将身体中不必要的紧张和压力都呼出体外。随着每次吸气，吸入新鲜的空气。

（3）随着一呼一吸的进行，把关注点放在身体的感受上。像在大脑中长出一双眼睛一样，从头到脚，扫描一下自己的身体。

（4）如果身体哪个部位感到不舒服，就停留在那里，看看那是一种怎样的不舒服，是紧绷、刺麻还是憋闷……再感受一下，那个不舒服的范围有多大，形状像什么。

（5）对这个不舒服充满好奇和关爱，不要试图赶走它，而是和它同在。 你也可以通过吸气，把你的关怀、爱带到不舒服的部位；通过呼气，把所有的不舒服全部呼出体外。

（6）再留意一下自己的情绪，此刻你感到了什么？自责、内疚、紧张、压力、害怕，或是别的什么情绪？如果你有不止一种情绪产生，最强烈的是哪一种？给这个情绪取个名字。然后，以一种温柔和理解的口吻，像呼唤一位熟悉的老朋友一样，不停地呼唤这个情绪的名字，比如：这是悲伤，这是自责。就这样一遍又一遍地呼唤。

（7）现在，请将你的双手放在胸口或其他任何让你感到舒适的地方，感受手的温度和轻柔触感，对自己说：

此刻，我对自己感到很不满意（或者自责、羞愧、紧张、害怕等情绪）。

很多人遇见和我一样的情况，也会有这样的感受。

我希望被听见、被看见，希望被接纳、被认可，这样我才会感到自己有价值，感到安全。

很多人和我一样，对自己的某个部分感到不满。

我不是唯一一个有这种感受的人。

虽然我有不完美的部分，但我也有很多优秀的部分。

愿我（试着）接纳原原本本的自己，愿我善待自己。

（8）你也可以对自己说任何其他你想听的话，一遍又一遍。如果你不知道自己想听什么，可以想象一下，一个你最好的朋友或你所爱的人，正在经历类似的情形，你会对他说什么？如果你的朋友只能记住几句话，你希望是哪几句？你希望用心传递什么信息？

现在，看看你是否能对自己说同样的话，传递同样的信息。

愿你善待自己。

如何应对生活中的担忧和焦虑——担忧拆弹法

你是否会被一些还没有发生的事吓住，

或者担心自己的身体，

或者担心自己的事业，

每天活在惶恐之中？

如何才能活得心安，过得自在？

一、总是对未来有灾难化的想法，
认为自己无法应对怎么办

前面讲过，在情绪的旋涡中，我们常常不是后悔过去，就是比较今天，或者是担忧未来。

这堂课，我们谈一谈：总是担忧未来怎么办？

其实担忧并不是一件坏事，往往聪明又负责任的人特别容易担忧；因为有责任心，所以要求高，对自己、对别人、对事情都要求高。

从生物演化的角度来说，担忧有助于人类的生存。当我们的祖先在夜晚围着篝火而坐时，那些更警觉、更容易发现问题的人更容易生存。

不过，担忧对于人类的生存有帮助，可是对于幸福却没什么帮助。它给人们带来的通常是恐惧、焦虑、困惑、无助等情绪。

担忧有两个主要特征：一个是对未来有灾难化的想法；另一个是认为自己无法应对，无能为力。

那我们如何化解对未来的担忧呢？首先我们来看一个真实的案例。

对未来换工作、还房贷、孩子教育等问题充满焦虑

分享人：包包

居住地：北京

工作：上班族

问题：对未来换工作、还房贷、孩子教育问题充满焦虑。

包包：有时候，我会有一些担忧。但我不知道这些担忧从哪儿来。现在的工作并不是我很喜欢的，想改变，可不知道怎么改变。刚刚结婚，就开始对家庭有一些担忧。刚买了房子，要还房贷，再加上抚养、教育孩子……如果我现在工作上有变动，那可能会把经济压力全都压在我老公一个人身上，这让我觉得很担忧。

这些事虽然没有发生，可万一呢？如果说我现在不做好充分的准备，将来它如果发生，我怎么办？不知道是从何时开始担忧的，但是我害怕，害怕自己如果稍微有一丝的松懈，将来就会不好了。就比如说我现在本可以享受阳光，喝杯咖啡，但是这个担忧一袭来，它会笼罩着我。我让自己不要去想，这样会不会健康一点？可是没有什么用。最坏的情况是什么样？真的是这个样子吗？我连续问自己好多遍，真的会变成这个样子吗？

下面是我引导包包梳理的场景。

海蓝：你好。

包包：老师好。

海蓝：我听说你对未来有好多的担忧。

包包：我担心将来没钱，然后工作不好，养不活自己。其实养活自己是没问题的。但我刚组成一个家庭了呀，房子、车子、孩子，现在养孩子多贵啊，对吧？从生孩子开始，花费就很大，以后养孩子还需要更多钱，尤其现在孩子早教也特别花钱。

海蓝：你很担心养孩子的问题。那除了这个，你还担心啥？

包包：除了这个，就担心自己日子过得不好，然后没有钱。

海蓝：所以你最担心以后日子过不好。10分是特别担心，0分是不担心，你大概担心到什么程度？

包包：6.5分。

海蓝：你最害怕的是啥？你可以闭上眼睛，想象一个具体的场景。

包包：这边孩子在哇哇地哭，我要给他喂奶；那边领导电话打过来，催我去上班。然后孩子要花钱，银行存款又不多。

海蓝：那最后会怎么样？

包包：整个日子就破了。

海蓝：怎么个破法？最坏的结果是啥？

包包：我没办法去上班。（哽咽）我就得辞职，只能靠我老公一个人赚钱。

海蓝：你现在怎么会那么难受呢？辞职会怎么样呢？

包包：那我就……我也不知道呀……那就要靠我老公一个人了。可是我老公一个人，那他压力很大呀。

海蓝：压力大了会怎么样？我看你现在把自己都吓得手心出汗了，是不是？

包包：嗯。觉得很伤心，很难受。

海蓝：吸气呼气。如果需要的话，可以把双手放在胸前，把整个注意力也放在胸前，然后感受一下你手的温度。把让你感到最舒服的气体吸进去，吸到你胸腔感到不舒服的地方；然后呼气，把不舒服的气体呼出来。连续 3~5 次吸气呼气。现在感觉怎么样？

包包：舒服一些了。

海蓝：好的。刚才你那么难受，你在对自己说啥？

包包：我们生活压力大，就会吵架，家里面就会战火弥漫。可是我也没有办法离开，只能过着这种鸡飞狗跳的日子，然后这一辈子我都不会幸福。

海蓝：你看到的未来是如果没有钱的话，整个日子就过得鸡飞狗跳，你这一辈子都在煎熬中度过。想到这样的生活，是不是像过地狱生活一样？

包包：对，想跑，可是……

海蓝：又跑不了。所以这是你最深的一个恐惧。

从上面的案例我们可以看到，包包非常担忧生孩子之后的生活，她给自己编织了这样一个未来：

孩子出生后，她就要辞职，待在家里带孩子，因此家庭的总收入会大大减少；而孩子将来的花销会越来越大，如此一来，经济状况会进一步下滑。

另外，没有钱，生活就会变得拮据和艰难，她会因此跟爱人经常争吵；家里经常争吵不断，生活就会过得一地鸡毛。为了孩

——

子不能离婚，那她就会因此困在痛苦的、像地狱般的生活中，毁了自己的一生，也毁了孩子的一生。

人长大之后所有的担忧，往往都来自过去的经历

海蓝：在你以前的生活经历当中，有过类似的感受吗？

包包：我没有类似的感受，但是我爸妈过的就是鸡飞狗跳的日子。

海蓝：他们经常为钱吵架吗？

包包：他们为很多很多事情吵架。

海蓝：主要吵架原因是啥？

包包：吵架的原因太多了，他们感情不和。然后我看到的就是爸妈为这个家很劳碌，非常劳碌。

海蓝：劳碌的原因是什么？

包包：没钱，要赚钱。

海蓝：所以你最害怕把自己的日子过成你爸爸妈妈的样子，最恐怖的就是这样一个结果，是不是？

包包：嗯。

我们从这个案例来看看焦虑是如何产生，以及如何化解的。一般人的焦虑都是源于过去的经历，心理学上叫创伤。你见过小宝宝焦虑吗？完全没有。他们对世界充满好奇，只要吃饱喝足，对什么都很满意、很愉悦。

其实，人长大之后所有的害怕、担忧和恐惧，往往都来自过

去的经历。

比如包包，她多年来看着自己父母迫于生活压力、不断争吵的生活状态，身体储存了很多恐惧、担忧和害怕。在她的潜意识当中：

经济拮据 = 争吵不断 = 人生尽毁

这就像连环炸弹一样，让她对未来充满担忧和恐惧。她非常害怕自己重蹈父母的覆辙，所以才自己给自己编导了一个恐怖片。

二、化解生活中的担忧与焦虑
——担忧拆弹法

下面我给大家介绍一个有效化解生活中各种担忧与焦虑的方法——"担忧拆弹法"。

第一步：看自己编的生活"恐怖大片"，
找到引发担忧与焦虑的关键点

焦虑一般都是自己吓自己，自己给自己编了一个恐怖片。

想要从深层缓解焦虑，最重要的第一步就是看自己编的恐怖片——这通常还是一个虚构片，和现实关系不大。

所以，我让包包在脑海中看自己编的故事，这样就会知道她焦虑的根源在哪里。那时她感到胸闷、手心出汗，眼泪都出来了，把自己都吓坏了。这种情绪是真实而迅猛的，潮水般袭来，瞬间将人淹没在恐惧之中。

海蓝：好，眼睛慢慢睁开。现在你知道你为什么这么焦虑了吗？

包包：恐惧。

海蓝：恐惧怎么来的呢？

包包：看到我爸妈的生活是一地鸡毛，我就担心我的日子也变成他们那样。我告诉自己不能过那样的日子，太痛苦，对谁都不好。事实上，我不是我爸妈。当我觉得焦虑的时候，可以去掌握我的生活；我的生活不一定会变成一地鸡毛，战火连天。

海蓝：孩子一出生，没有钱，然后就是一地鸡毛、地狱般的生活。这就是你对自己未来生活的描述。

包包：是，而且孩子的一辈子也被我毁了。

海蓝：总结一下。我第一步做的是让你看看你给自己编的这个恐怖片。你的眼泪都出来了，仿佛自己已经是一个老太太，一生都无法摆脱地狱般的生活，就像你父母一样。你特别不愿意看到这样的生活状态，其实你把自己带到了你父母现在的生活状态。所以我推断，你最深的恐惧在这里。那怎么从那里出来呢？我得让你再回到你的身体。回到身体的第一步是深呼吸，这会启动我们身体的修复系统。

实操练习

1. 在脑海中想象自己最担忧的事情，然后问自己，你最害怕的场景是什么？

2. 描述具体的场景。比如，你在哪里？在做什么？和什么人在一起？你说了什么？……

3. 列出担忧等式，找到自己担忧的核心是什么。

在包包脑海中有一个不切实际的担忧等式：

经济拮据 = 争吵不断 = 人生尽毁

这个等式就像她的担忧连环弹，是她担忧的核心。

在整个练习过程中，在任何地方你要是感到情绪反应强烈，想停下来都可以随时停下来，直接做第二步。

第二步：安抚身体，平复情绪，
切断播放"恐怖片"的信号

海蓝：想到这样一个场景（生活像父母一样一地鸡毛），现在难受程度是几分？

包包：7分。

海蓝：好的，闭上眼睛。现在你感觉身体什么地方不舒服？

包包：后脑勺不舒服，这儿整个不舒服。

海蓝：好的，吸气呼气。那后脑勺现在需要什么？需要你把手放那儿安抚它一下吗？

包包：摸摸它。

海蓝：把自己的关怀带到那儿。

包包：嗯。

海蓝：你可以对它说些什么？

包包：对它说：宝贝儿，我爱你，永远都不会离开你；不管遇到什么事，都不会离开你，我会跟你一起坚持下去。

海蓝：然后再吸气呼气。可以做深长的吸气呼气。现在的感觉是什么，亲爱的？

包包：舒服多了。

海蓝：那现在 0 到 10 在几？

包包：4 分。

海蓝：好，再做三次深长吸气呼气。从头顶吸进你所需要的东西，从脚底呼出身体里所有的焦虑、不舒服。做三次吸气呼气。好，那准备好的话，可以把眼睛慢慢地睁开。

当人被情绪淹没的时候，大脑皮层就不在工作状态。这是大脑的工作原理。因此需要放松身体，切断播放"恐怖片"的信号。

包包的焦虑程度在 7~8 分时，这种状态下，她根本无法思考。于是第二步，我带领包包安抚身体，平复情绪。

首先是通过深呼吸安抚身体，因为深呼吸会调动副交感神经兴奋，起到安抚的作用。

最开始我请她把手放在胸前，这个方法叫自我关怀。当身体接触到手的触觉和温度时，人就会感到被安抚，这是最重要的安抚身体和情绪的方式。

她用同样的方法安抚了她的头疼。

当一个人身体放松的时候，情绪自然就会平复很多，用包包的话说，就是"清明"了很多。

当情绪平复以后，大脑皮层才能恢复工作，人才会回到理智状态。

海蓝：我想问你的另外一个片段，就是最开始我让你回忆的时候，你就很紧张，手开始出汗，而且心跳很快，胸很闷。我那会儿让你做了什么还记得吗？

包包：让我自我关怀，就是感受身体最难受的那个地方，然后把最需要的东西带给它。我从那个噩梦中跳出来了，这是第一步。然后感受到自己身体的不舒服，给它关怀。每次通过吸气呼气，把我不需要的都排出去，我就觉得舒缓了。

海蓝：你又接着看脑海里的场景，看完以后你说开始头疼了，对不对？后来我让你做了什么？

包包：安抚自己的头，让身体先放松下来，不在一个紧张的状态。

海蓝：那这个让你得到的帮助是啥？

包包：放松了，变得清明了。可以不在那个旋涡里面看这个事情了。

实操练习

1. 让自己的思想停下来，深呼吸，感受一下担忧的情绪在身体的哪个部位。

2. 把手轻轻放在那个部位，感觉手的温度和轻柔的触摸。

对身体的不舒服保持善意，就像对待自己身处焦虑的好朋友那样对待自己身体的这个部位，温柔、同情、支持地对待自己，直到自己慢慢平复下来。

第三步：自我探索，找到自己真正的认知

海蓝：咱们回到现在，假如生了孩子，你会多久没有工作呢？

包包：产假结束之后会没有工作。我想自己带孩子，带到他上幼儿园。

海蓝：也就是三年的时间，会待在家里面带孩子。这三年是你最艰难的时间？

包包：是的。

海蓝：你们现在有房子吗？

包包：有。

海蓝：可以还房贷吗？有地方住吗？能吃上饭吗？

包包：还房贷可以，也有地方住，饭也能吃上。

海蓝：那孩子的尿不湿和奶粉，这些东西有钱买吗？

包包：有。

海蓝：也就是从你生完孩子到孩子上幼儿园之前，这生活是没问题的。那孩子上学之后，你能找着工作吗？

包包：能啊。

海蓝：你确定？

包包：能啊，为什么不能呢？我可以去卖东西，可以去做销售，对吧？

海蓝：你不是还担心早教吗？

包包：是的。我同事，他们让孩子接受早教，学英语，就一小屁孩儿，一堂课上百块。

·海蓝：这是必需的选择吗？

包包：不是，我觉得小孩没必要那么早去学这个。

海蓝：我告诉你，最好的早教是妈妈的爱和夫妻关系的和谐。这比所有教育都要管事儿。

包包：嗯。

海蓝：第一，你有工作，你能挣钱，爱人也挣钱。从孩子角度来讲，如果一定要上早教的话，这钱你也是有的；不上早教，也不是活不下去，是不是？

包包：嗯。

海蓝：现在感觉怎么样？

包包：没那么大问题。

海蓝：为啥没那么大问题了？

包包：刚才是想着没有钱。

海蓝：那现在呢？

包包：现在觉着，我依然没那么多钱，但日子不是过不下去，我起码有房住有饭吃。基本生存解决了，就没有问题了，什么早教，我可以有很多方法，那都是人想出来的。

海蓝：嗯，有很多方法，那不是唯一的路，对不对？还有，即便没有钱的话，一定要跟老公吵架吗？

包包：说的是哦。那我为啥要找他吵架？

海蓝：问你啊。你爸妈因为这事儿经常吵架，你估计你也会跟他吵？

包包：我如果找他吵架，肯定是因为觉得他没能力。

海蓝：你觉得这想法有问题吗？

包包：有问题。

海蓝：有啥问题？

包包：幸福的日子不是他给的，是自己给的。

海蓝：你自己准备咋给？

包包：首先，在生产前，我好好赚钱，先把基本的生活花销给赚了。起码百分之七八十给它落实下来，赚完了之后再生孩子。另外，我怀孕这一年，也能赚点儿钱，是吧？而且我老公人很好，就算是靠这百分之八十的落实，我也有底气。

海蓝：那你跟老公吵架的事咋办？

包包：那全怪我啊。

海蓝：为啥全怪你啊？

包包：他不会因为这些事儿跟我吵架。他是一个很有安全感的人，就我天天焦虑。

海蓝：只要你不跟人找事，家里就没事？

包包：是。（大声笑）

海蓝：你笑啥？

包包：都是我在找事。

海蓝：生活在谁手里？

包包：在我手里啊。人家好好的日子过着，我只要好好的，日子没问题啊。

海蓝：过得不好的话，真的是钱的事吗，你觉得？

包包：不是钱的事。

海蓝：那是啥事？

包包：是我的恐惧、担忧，然后我就开始折腾，开始闹。

海蓝：说到这，你现在担忧、恐惧有多少（分）？

包包：现在2分。

海蓝：咋降下来的呢？

包包：就是感觉，钱不是问题。我不去担忧这个，日子就很顺畅。

海蓝：所以只要你把自己的恐惧和担忧看得没有那么大的话，你家日子过得好着呢，是不是？

包包：那是必须的啦。（大笑）就天天不要太爽。

如果你遇到担忧或困扰的时候，别人对你说：你不要担心，日子会好的，你想太多了，对你会有帮助吗？会减轻你的焦虑吗？肯定不会，这反而会增加你的反感。

因为人从来不会听别人的道理，只会听自己的道理。所以，自我探索非常重要。

所以，前面的对话里，我需要带领包包找到她自己的答案。我问了她几个问题，让她脑海中模糊的担忧具体起来，比如我问她：

（1）最艰难的时候会是哪段时间？

她说是从孩子出生到上幼儿园这三年。

我问她在这段时间里，最差的情况会怎样？她说，虽然有房贷，但有地方住，给孩子买奶粉和尿不湿的钱是有的。也就是说，最差的情况下，这三年内的衣食住行也是不用担心的。说到这儿，她的焦虑少了一些。

（2）三年之后会怎么样？

她说自己非常有信心——可以上班，而且会很努力，工资会涨，她爱人工资也会涨，日子会越来越好。想到这儿，她就看到了希望，焦虑明显降低。

（3）还有一个焦虑：觉得未来无法控制。

接下来，我带领她看到她和爱人的争吵是怎么引起的。她发现自己才是家里的"炸药包"，争吵是自己的情绪引起的，是可以控制的，这时她就对把控未来充满了信心。

实操练习

当你情绪平复以后，可以想一想，你的担忧连环弹等式是否成立？它真的会这样发生吗？你是否看到认知的荒谬和不合理性？

第四步：制订行为计划，打破担忧连环弹等式

海蓝：现在看来，令你担忧的其实并不是钱的事。你还看到了

什么？

包包：过了这一段不工作的日子后，我非常确定我找得到工作，那是肯定的。我觉得我只要花费了精力，就一定会有收获的。而且我老公他不是原地踏步的，他也是往上升的。我俩赚的钱是往上走的，这个让我很肯定。

我看到其实都是我自己在焦虑，我是一个小"炸药包"，生活就是这么给炸没了，不是因为没钱。我觉得生活就在我的手上，如果我可以控制我的脾气，控制我的焦虑，我就能不让它变成我害怕的样子。

海蓝：这个感觉怎么样？

包包：很爽啊。（大笑）

当然，改变需要一个过程。

从知道、感到到做到，需要在践行中不断修炼和提升。包包和爱人的争吵一定还会发生。

因此，我带领她做了一个行动计划，如果在未来想和爱人吵架、跟爱人闹意见的时候，她可以怎么做：

（1）生气的时候忍住，不说伤人伤己的话；

（2）安抚自己，给自己关怀；

（3）情绪平复之后再和对方心平气和地沟通。

最初，包包最担心的是因为钱不够用而让家里鸡犬不宁，后来，她发现最差的情况也是可以维持生活的，而且还有希望变得更好。最终，包包知道困住她的不是钱，而是自己的情绪。另外，通过控制自己的情绪，不仅可以减少和爱人的争吵，还有安抚自己的效果。

包包的担忧连环炸弹逐一被拆除，最后露出了灿烂的笑容。

海蓝：再闭上眼睛，回到刚才的场景里，你看到了什么？

包包：现在我抱着我的孩子，在晃着他玩，我老公站在边上，看着我抱着孩子玩。我们两个人都笑呵呵的，就感觉花都开了，画面很明亮。

海蓝：那钱不够了咋办？

包包：没有不够啊，买尿不湿的钱有，奶粉钱有，有地方住，我俩也有的吃。

海蓝：那现在看到了什么？

包包：很幸福，我俩都笑得很开心，一切都不是问题。

海蓝：现在身体的感受是啥？

包包：很放松。

海蓝：鸡飞狗跳的、一地鸡毛的日子，还能看见吗？

包包：那都是做梦了。

海蓝：做啥梦？

包包：哎呀，我自己做了一个恐怖的噩梦。

海蓝：0 到 10（分），你现在的焦虑情况大概有几分？

包包：0 分。

海蓝：0 分哈？

包包：我觉得特爽，因为我最恐惧的就是生活被我过成了一地鸡毛。但这都是我老找我爱人吵架导致的，那我不找事不就完了吗！

实操练习

如果要打破你心中的担忧连环弹等式，你可以做什么？怎么样可以让结果变得更好？

我想提醒大家的是，这样的梳理不会一次就彻底解决所有的问题。你可以按照这个步骤多次尝试，直到内心平静，不再被搅扰为止。

总　结
担忧未来是因为我们给自己
编造了一个恐怖故事

亲爱的，担忧未来是因为我们给自己编造了一个恐怖故事，并以为真的会发生，然后被自己编的恐怖故事吓坏了。

人们习惯性地担忧未来，是因为安全是人的第一需求。出于本能，大脑会不断地探测危险，有时候会捕风捉影，把任何"万一"都当作肯定会发生的危险。

所以，面对未来的担忧，我们可以用"担忧拆弹法"来帮助自己。当自己看到自己担忧的根源是多么荒谬，而未来其实在自己手中的时候，焦虑就会大大减少。

延伸阅读
如何用"拆弹法"化解健康焦虑

海燕

海蓝博士第 17 位静修生

海蓝幸福家全项教练

海蓝幸福家教育总监

全球静观自我关怀中心正式老师

部分心理学一级治疗师

国家开放大学合作老师

国家二级心理咨询师

简介：19 年世界 500 强金融行业企业培训管理经验。2012 年 8 月参加海蓝博士静修生学习，在三年的学习探索中找到了一生的使命，经实习考核成为海蓝幸福家全项教练。2015 年 11 月毅然辞职加入海蓝幸福家，并担任教育部总监。

想要健康，不解决焦虑的情绪是不可能的

上了第五堂课之后，相信大家一定有不少收获，我非常为大家高兴。同时，我想一定有不少朋友还会询问关于健康焦虑的问

题。这个问题很有普遍性，我也曾经经历过，特别有感触。目前来说，我已经走出了这样一个健康焦虑。所以，接下来我就与大家分享我是怎么运用"拆弹法"来化解健康焦虑的。

其实，决定一个人是否生病的最重要的因素，从来都不是别的，而是一个人的免疫力。现代科学验证，压力等不良情绪会使身体的免疫力下降，从而容易得病。极度焦虑才是你生病的最大危险因素。所以想要健康，解决焦虑的情绪是很关键的。

接下来，我将告诉大家，我是如何用"拆弹法"让自己从健康焦虑中走出来的。

找到产生恐惧的具体场景，找到担忧的核心

2013 年春天，正是我心脏出现问题的时间。我去各大医院查看，结果发现并没有实质器质性病变；后来我又去看了中医，只查出我的心脏功能是偏弱的。

最终不管诊断如何，我的难受是真实的——就像心脏病发作一样，呼吸非常困难，全身都非常紧张，感觉有了上口气就没有下口气了，真的是体会到一呼一吸即生命。

呼吸困难使我更加恐惧了，怕自己真的死亡了，然后都来不及救；而这种恐惧又导致我身体的症状更加厉害。有一天晚上，忽然惊恐起来，把爱人叫起来想写遗书了。就这样，病症折磨了我一段时间，也没有更好的解决方案。直到后来，我开始跟随海

蓝老师学习，运用系统科学的方法来解决自己对健康的焦虑问题。

首先当恐惧出现时，我看到自己最深的害怕是死亡，以及死亡后担心女儿怎么办。我担心她还小，没有妈妈的生活会很惨，那她该多伤心难过，每天以泪洗面，生活也是一团糟。我一想到这个画面的时候，就泪如雨下，心如刀割。

我觉得我还不能死，我一定要把女儿抚养到 18 岁以上（在我发病那年，她刚 10 岁）。她的爸爸虽然爱她，但无法理解她的情感，因为男人一般对情感都比较粗糙，生活上也没有我照料她那么细致。我们是一家三口在一个城市，身边也没有其他的老人。我仿佛看到了女儿非常孤独地长大，然后情绪也不好，身体也不好，一直郁郁寡欢的样子。一想到这的时候，就希望老天能再给我一些时间，一定让我把孩子抚养大。

对我来说，心脏的症状真正让我想到的是死亡，继而是死亡背后对女儿的不放心。这个具体的场景我看到了，原来发生的是这样一个恐怖的故事。

当这个场景和故事不断地盘旋在我脑子里时，我知道这就是我担忧的核心了。所以我打算用"拆弹法"来安抚身体，平复情绪。

感受焦虑的情绪在身体的哪个部位，进行静观自我关怀

感受焦虑的情绪在身体的哪个部位，进行静观自我关怀——安抚身体，平复情绪。那么，我是怎么做的呢？

（1）首先是端坐好，把手放在胸口或心脏的部位，感受手带来的温度，然后做深呼吸，一直做深呼吸。吸气时我想把宁静、放松和健康吸进来，呼气时则把焦虑和恐惧呼出去。

（2）随着每次呼吸，始终把关注点放在身体上，从头到脚我感到每一个部分都放松下来；我告诉自己我很安全，看到自己的恐惧，就像看到好朋友一样想好好陪伴它。然后用手来拥抱自己，陪伴自己。

随着每次的吸气呼气，当我的身体越来越放松的时候，我的紧张和焦虑也随之像流水一样，慢慢地流走。

我呢喃地对自己说："愿我健康，愿我平静。"

当紧张的身体、缩紧的肩膀一点点放松后，我的情绪也渐渐平息。

一般这样与自己相处10多分钟后，心脏的脉动就会恢复正常，身体也明显感受到放松。我觉得特别明显的是：我脸部肌肉的紧张感就像被熨平了一样。这其实是情绪缓解后的结果。

把担忧具体化，然后调整认知
——做好我可控的，也接纳我不可以控制的

我们的思想有时候是我们的主人，有时候是我们的奴隶。当恐惧的思想成了我们的主人的时候，我们就会把想象当成事实。

很多时候，你的害怕其实源于自己的瞎想。

当从医院得知我这病并非器质性病变，只是神经性导致的心

脏功能异常时，我知道唯一要做的就是让自己的情绪稳定；因为焦虑让我的交感神经系统更加活跃，从而让心脏的脉动更快，导致症状的加强，就变成了一个恶性循环。另外，从中医的角度，心脏功能的加强也需要良好的心态加体育锻炼。

当我对我的身体状况有一个清醒的认知后，我就把我的担忧具体化，并按照正确的认知开始调整。

如何把担忧具体化呢？当身体静下来的时候，从认知上我开始细化分析：

（1）我最担忧的是自己心脏病突发立刻走人，女儿没有了妈妈。

（2）最差情况是什么样？就是没有机会救治，生命结束，女儿生活没有了妈妈的爱，孤独凄惨（这一点其实是我自己想出来的）。

（3）如果真有这样的情况发生，怎么办？

在一个春日的早晨，我坐在窗前，看着外面新抽出来的树叶的嫩绿，感悟到：生命其实很短暂，无论贵贱，无论草木人类，有一天都终会离去。

现在我是妈妈的角色，但孩子终有一天会长大。她因我而生，我生命在时好好相伴；但当我不在时，她依然是个独立的生命，有自己的人生。即使她未成年时我不在，她还有一个那么爱她的爸爸。

这时候，我心里面突然就释然了——即使我不在了，一位爱女儿的父亲有什么理由不养育自己的女儿呢。

如果我真走了，他们只是换了一种生活方式，他们都会以自己的方式活下去，而且可能还活得挺好的。

想到这儿，我突然就觉得不要太把自己当回事，相信别人原来也是一种能力。当能够接受生命可以以不同的方式活着时，我心里的大石头就搬开了许多，对女儿的担心就少了许多。

另一方面，因我与女儿关系很好，她看到我生病也会害怕；所以我也会开始与她交流关于生命的话题。比如我会对她说，如果有一天妈妈或爸爸谁先不在了，在她未成年前都会由另外一位好好照顾她长大，问她相信吗。她说她相信。

开始孩子当然是不接受的，会非常难受，也会流泪，但经常交流生命无常的话题，并让她知道一个事实——如果父母出现意外，其实她还是有人照料时，慢慢地她也会接受。

通过这样的交谈，让我内心清晰的是：也许她开始会不适应，但一定会有人爱她照顾她；虽然她可能会想念其他人，但是她也相信她一直是有人爱的，有人照顾的。

当我们彼此都能向死而生，做好死的准备时，心里会突然变得轻松许多。提前做好生死的课题，让内心的空间扩展了，就会更加珍惜当下的生命与关系。

（4）把这个内心的担忧清除之后，我又在想，未来还有哪些是我可以控制的因素？

做好了最差的准备，也依然要过好当下的日子。细数一下我可以控制的因素：死亡是我无法控制的，但我可以控制健康；未来是否能照料到女儿是我无法控制的，但我可以控制培养她照料自己的能力、面对风雨的能力。

当我开始把关注点放在可以控制的事情上时，焦虑感明显减少，我开始积极锻炼身体——以前不爱运动的我，开始了慢跑；我也努力做到及时休息、静观自我关怀——以前一难受就赶紧吃救心丸，现在心脏不适时，就静观休息。

自己的脸色愈来愈好，精气神比起三年前，好似变了一个人。身体是非常智慧的，而且是动态变化的，宝贵的资源与动力从来不在外面，而在里面。

当我开始滋养身体、启动身体内在资源与力量时，就真正开启了身体的自愈力。很多事以前看似不可控，到现在可控范围增大，更体会到路在脚下、活在当下的愉悦。

对于女儿我能陪伴她多长时间，我不知道，但在陪伴她的每一天，我都把精力花在提升她的抗挫折能力、情绪管理能力、关系经营能力上。作为母亲，有一天我终将离去，但我可以留下一个在社会上健康独立的孩子。我做好我可控的，也接纳我不可以控制的。

把计划一一落实在行动上

现在无论风吹雨打，我培养女儿能力的计划、我自己的健康计划——从饮食到情绪管理，整个锻炼计划，从来没有停止过。

跟女儿在一起的时候，我会检视自己——跟她一起处理当下某件事情，增进了母女的关系吗？培养了孩子抗挫折的能力吗？培养了她情绪管理的能力吗？如果是的话，我觉得我活着的每一天都值得，都有意义。

未知是一片遐想的空间，可以留存害怕，同时也可存下自由，我愿用今天的踏实，做自己可以控制的事情，存下未来的自由。愿你也可以，愿我们每个人都能够健康，也愿我们每个人都可以平安。

愿我的经历能够帮到您，让我们都能够把握当下的生活。

on

如何化解你的金钱压力
——拨云见日三步法

在对未来的担忧中，
你是否害怕被淘汰、被嘲笑、被排挤……
你是否无论拥有多少物质，
都缺乏安全感？

一、为什么现在的人无论是否拥有物质，都缺乏安全感

"我家最值钱的就是我"

这堂课，我们来谈一谈关于物质的话题。

最近有件有趣的事，我的学生们来我家做客，其中一位进门转了一圈，四处看了看，颇为遗憾地说："老师，您家怎么一点儿值钱的东西都没有啊？"我笑了，说："我家最值钱的就是我。"

人们总是把拥有物质财富作为成功最重要的标志，以为有钱就是成功，成功就应该有钱，有钱家里就应该有名贵的东西。全球著名的市场调研公司益普索（IPSOS）曾发起过一项调查，多达71%的中国人表示，他们通过拥有的物质财富来衡量自己的成功，这一比例明显高于其他受访国家。而对于成功和赚钱，68%的中国人感到压力很大，高于世界平均水平（46%），排名第一。

不能比别人差、他有我也要有的心态，也让我们的物质目标清单不断扩大，似乎自己现在拥有的总是不够多，不够好。一旦

没有拥有，就担心自己被淘汰、被取笑、被排挤；无论拥有多少物质，都缺乏安全感；没得到者想拥有，拥有者希望拥有更多更好。这些，都是物质焦虑。

真正的成功和幸福并不在你拥有的物质里

当我说，人不应该被物质绑架，有人马上就会回应：没有物质基础，何谈上层建筑？如果我买不起房，看不起病，开不上车，上不起学，结不了婚，我能快乐吗？

我见过很多大老板、企业高管，拥有了位子、票子、房子、车子，却依然感到疲惫，感受不到价值和喜悦。

其实，不管是什么样的位子、票子、功名，一旦拥有之后，喜悦都不会持久。你可以回想一下，比如你买到一个新包、一辆新车的时候，你高兴了多久？

事实上，物质、感官、成就带来的愉悦、价值感，不管你拥有什么，拥有多少，都很快会感到空虚、无聊。这是一个永远都填不满的无底洞。真正的成功和幸福并不在你拥有的物质里，占有不会带来幸福。正如股神巴菲特在签署捐赠承诺时写道："一些物质财富让我的人生更愉快，但很多财富却无法做到这点。很多时候，不是你占有很多物质财富，而是过多的物质财富占有了你。"

他自己也是如此践行的，他在自己的老房子里一住就是半个多世纪。这座住宅没有围墙，没有大铁门，没有安全警卫也没有监控摄像头，它和周边的中产阶层住宅几乎一模一样。他称之为最佳投资的原因是:"我的家庭和我收获了 52 年的美好回忆,未来仍有更多期待。"

一定还会有人说:海蓝老师,您现在功成名就,讲起物质焦虑自然是站着说话不腰疼;您说的道理我都懂,可是生活很现实——住出租屋、挤公交车、随便吃点东西、不敢生病、不敢回老家,甚至连同学聚会都不敢去,面对这样的现实,我能不焦虑吗?

我现在"腰不疼",是因为我曾经"疼"过。我也过过苦日子:在美国放弃医学生涯的积累转学心理学,又赶上先生失业,最困难的时候家里用的和穿的都是二手市场淘来的或者垃圾场直接捡的别人不要的……

我在汶川时生活也很简朴,从家到工作的地方,有时坐小摩的单程就要三个小时;一路很颠,到处是废墟,空气里还弥漫着陈腐的臭味;女儿上学是在临时搭的防震棚里……

很多人认为那种生活很辛苦,但我们全家都没有觉得。我女儿甚至说那是她记忆里最幸福的几年,每天放学,门口就有当地的小吃可以吃。我爱人觉得小城镇生活很方便,到哪儿走路就能去。

人维持生活所需的物质其实非常少,但我们往往不是在思考自己的需要,而是陷入了想要。

需要是脖子以下的部分,想要是脖子以上的部分。误把想要当需要,是我们最大的陷阱。

当我们能分辨出自己想要和需要的时候,就能将自己从无穷无尽的物质和欲望中解放出来,就能更好地利用物质,关注生活本身,更好地生活。

二、物欲追求者为什么忧心忡忡
——核心问题解构

物质焦虑从表面上看，就是由于对物质需求没有满足而感到的焦虑，影响到自己的工作、生活和人际关系。我们一起来看一个典型案例。

分享人：小设

居住地：北京

工作：国企员工

问题：想缓解物质焦虑。孩子的学习、自己的提升、父母新房子的装修都需要花钱，这给自己带来了巨大的压力，没有安全感。

小设：我这次来的目的就是想梳理一下我的物质焦虑。想去做一些事情的时候，但是金钱这一块，我就觉得很为难，然后就会焦虑。

我的生活开销，一方面是提升自我的学习，现在占的比重蛮大，又觉得这是一条成长之路，还是有必要投资的。另一方面，孩子马上面临小升初，所以她的学习这块儿花销也是蛮大的——各种补习班，每次都是几千块的开销。然后是我父母的房子明年就要装修，从女儿的角度来说，想给他们尽一份自己的力量。

这些细细想起来让我挺困扰、挺焦虑的。总的来说，我对物欲的要求其实也不是很高，但就是父母这块儿有装修这个大头；孩子越来越大，花费也是蛮高的；还有的时候，碰到很多事情在一起，都需要花钱，但自己又无能为力。

想到缺钱，我就觉得挺难受的，然后就觉得孤独，没有安全感。所以我想探索一下这个焦虑的背后是什么。

下面是我引导小设梳理的场景。

海蓝：什么时候你觉得容易有缺钱的感觉？

小设：其实说来也怪，我从小的生活并不缺钱，我们家就我一个孩子，经济条件在当时来说还是挺好的，我从小就没有看过黑白电视，直接就彩电。但是呢，我还是有这种缺钱的焦虑。

海蓝：你什么时候会有这种焦虑？

小设：现在我自己学习有一部分的花销，然后孩子补课报班也挺需要钱的，还有日常的开销，就觉得有时候钱不够用。然后明年我爸妈新买了套房子要装修，我还想尽点孝心。虽然他们也不缺钱，但是我总觉得从我的角度应该有所表示。

如果这三方都要用钱的话，我觉得我做不到；但是让我舍弃哪一方，我觉得好像都不能舍弃。然后我就觉得挺难过的，就觉得特别孤独，好像你身边有人，但你就是无法求助，就是这种深深的无助感。比如说爸爸其实挺有钱的，但我不可能问他要钱。比如说老公，觉得他也不可能会支持我，就是感觉无依无靠。

海蓝：好，眼睛闭起来，这种无依无靠的感受在身体的啥地方？

小设：心脏。

海蓝：那就感受你自己的心脏。这种因为担心没有钱而带来的无助感，还在过去什么事件中发生过？

小设：那年我刚工作，但是由于单位的原因，还不能上班；也给你钱，但给得特别少。我记得一个月就二百多块钱吧。那个年代流行诺基亚手机，我就特别想要，但我没有钱，想问我爸要，好像是一千多块钱吧，但我爸拒绝了。

海蓝：你现在想到这儿，为什么这么难过呢？

小设：我觉得爸爸他不爱我。

海蓝：你要钱没有给，就觉得他不爱你？

小设：我觉得爸爸好冷漠呀，甚至有一丝（对我）的嘲笑。

海蓝：爸爸说了啥？

小设：他说不能买。

海蓝：你的感受是啥？

小设：我那个时候就全身发紧、悲伤、失望，反正很多种情绪。

海蓝：看着你爸爸的脸，最让你难受的地方是啥？

小设：他的那种表情，还有语气，他都不愿正眼看我。

海蓝：他那表情、语气当中显露出来的是啥？

小设：就是一种居高临下吧。我就觉得特别没有安全感。他是我爸爸吗？我甚至很长一段时间觉得他是不爱我的。

海蓝：其实在整个成长过程中，基本上你感受到的温暖和爱是不多的。

小设：对。

在以上案例中，小设的情绪认知可谓一再反转，正是在这些反转中，隐藏着很多人都容易陷入的误区。

物质焦虑者误区一：只有缺钱的人才焦虑

就像案例一开始，小设的描述让我们以为她的经济非常吃紧，以至于对可能会出现的大事的开销焦虑到了崩溃的地步。但随着梳理的展开，我们发现，小设不但从小家境优越，现在的生活其实也过得很不错。她自己甚至也有这样的困惑——自己也不算物质匮乏，为什么会有物质焦虑？

真相是：人人都可能有物质焦虑。

物质焦虑是一种心理感受，和实际拥有多少物质并没有直接关系。物质焦虑不是因为缺乏物质，而是一个心理定位的问题。让我们感到恐惧的东西通常不是外在的东西，而是内心对于事情的感受以及是否有解决的能力。

海蓝：没钱意味着什么？

小设：意味着恐惧、害怕。

海蓝：恐惧、害怕、孤独，而且你还什么也做不了？

小设：对。

海蓝：没钱就等于无助无望、恐惧害怕、被人欺负？

小设：对。

海蓝：没有钱对你来讲为啥意味着恐惧和害怕？

小设：因为没钱我就觉得好孤独呀，没有人能帮我。

　　我见到过亿万富翁整天惶恐不安，也见到过寡居的老奶奶慷慨帮助他人。天津以蹬三轮车为生的白芳礼老人，从 73 岁开始资助贫困学生，直至 93 岁辞世。20 年间资助大学生 300 多名，累计捐款 35 万元。

　　人内心的力量跟是否有钱无关，再有钱的人也会感到钱不够，再穷的人也可以慷慨助人。而人内心的力量其实是无限的，比如褚时健，从云端落入囹圄，变得一无所有，最喜欢的小女儿又自杀，但出狱后他依然可以重新开始，80 多岁开荒山、种褚橙，再次找到自己的人生方向，并帮助当地村民致富。

物质焦虑者误区二：物质焦虑的根源是物质匮乏

　　物质焦虑其实和拥有多少物质没有关系，而和我们小时候的创伤有关系。物质焦虑的本质是缺乏安全感，这种感觉和现实的关系一般都不大，而是源自过去曾经遇到过的无助无力的时刻。

　　所以在梳理案例的开头，我问小设，这种因为担心没有钱而带来的无力无助感，还曾经在过去什么事件中发生过，她心里跳出来的画面，就是爸爸不给她买手机的场景。并不是"不买手机"这件事让小设受伤，而是当时爸爸冷漠的神情让她很恐惧，感到无依无靠，感到不被爱。

海蓝：这种孤独无助的感受，对于小设来讲已经很久了，是不是？

小设：是的。爸爸妈妈吵架的时候她也特别害怕，她求妈妈，她说，妈妈咱们走吧，爸爸老是说滚。她就拽着妈妈的衣角。可是妈妈不走，她真的不想待在那种环境。妈妈也说过，如果她有钱的话，她就走。

海蓝：因为她没钱，所以她走不了？

小设：对。

海蓝：看着那个时候的小设，她是什么样子？

小设：她就像一个无助的小孩，蜷缩在角落里。

海蓝：你接着再看着那个像孩子一样的小设，她想要什么？

小设：哪怕就是不给（买手机），也正眼地看看她吧，怀着善意。

海蓝：那个非常孤独、难过、被爸爸拒绝的小设，她需要什么？

小设：她想让我抱抱她，给她温暖，她特别冷。

海蓝：你想抱抱她，是不是？你把手伸出来（递过去一个枕头）。好的，看着那个不开心的小设，她需要你做什么？

小设：她就不想待在那儿，她想去个暖和的地方，有阳光的地方。

海蓝：她想离开那个地方？

小设：是的。她想晒着太阳，钻到被窝里。她总是觉得没有安全感。

海蓝：好的，那你把小设带到一个有阳光的地方，你会带她去哪里？

小设：带她去一个阳光明媚的花园。

海蓝：那她现在感觉怎么样？

小设：她觉得好舒服，好暖和。

海蓝：你问她，想不想把这么多年的恐惧都放下？

小设：她说想。

海蓝：这些恐惧和冷的感觉，孤独的感觉，她想丢到啥地方去？可以丢到自然中，任何一种力量中，风啊，水啊，光啊，土啊，火啊……

小设：她想用火把那些感觉烧掉。

海蓝：在哪里烧掉？

小设：她所在的那个花园里。

海蓝：看着她把那些东西（恐惧）都烧掉了。那她现在是什么样子？

小设：好像是一个青春少女的样子。但她好像还是有点儿不开心。她说她没有爱。

海蓝：你会对她说什么？

小设：宝贝，其实没有那么多的恐惧，都过去了。你看现在多好呀，在阳光下，咱们是很安全的，我抱着你也暖暖的，不管怎么样我都爱你，我都会一直保护你。我现在有能力了，你相信吗？

　　海蓝：她相信吗？

　　小设：挺相信的。

　　海蓝：那你如果（从花园里）出去的话，她愿意跟你一块儿出去还是愿意自己在那待着？

　　小设：她不想自己待着。

　　海蓝：她只要跟你在一起就很安全是不是？

　　小设：嗯。

　　海蓝：好的，那你现在的感受是啥？

　　小设：平静了很多。

　　随着更深地梳理，就会发现，让小设感到孤独无助更深的原因，是小时候爸爸妈妈吵架，她痛苦到希望妈妈带她走，但是妈妈说没有钱所以不能走。因此，对于小设来讲，没有钱就等于被困住，在恐惧无望甚至危险中，都没有逃开的可能。

　　因此，小设的心里就产生了一个等式：

> **没钱 = 无助无望 = 无法逃离痛苦 = 永远痛苦下去**

　　之后，只要遇到觉得"钱不够"的情况，小设就会回到孩子的状态，就会陷入无助无望的状态。所以物质焦虑本身不是物质填补能解决的，其背后深切的不安全感才是需要面对的部分。

在这里也通过这个案例再次强调，人和人之间的关系、家庭关系的宁静和谐对孩子的健康成长多么重要。太多的父母，以为给孩子多买东西就是爱孩子。但其实，拥有多少物质并不能给人带来安全感。

原生家庭的核心问题是对和谐关系的认识，安全感的产生依赖于和谐、有爱的关系；夫妻之间关系和谐才是给孩子最好的爱。因此，如何经营亲密、和谐的关系，学习情绪管理的能力，才是每个人最值得也是最需要投入的地方。

物质焦虑者误区三：有了足够的金钱或物质得到满足，才算成功，才能幸福

真的是这样吗？让我们看看小设的案例。

案例中的小设，一开始觉得给爸妈装修大房子才算表达孝心，但梳理到后面，对沉默、节俭、不善表达的爸爸妈妈而言，表达爱的更好方式其实是关心他们的身体、常回家、不顶嘴、跟他们多聊天。

爸妈买大房子，其实没有希望她来装修，而且本身房子也是为了留给她的。

其实，发自内心的关怀与爱占到孝顺的 80%，钱的部分 20% 都不到。

海蓝：其实你爸爸妈妈最缺的是啥？

小设：能看到我的孝心吧，是我对他们的关心和爱。

海蓝：关心和爱从什么角度来体现？最重要的是啥？

小设：最重要的就是，他们能感受到我真的爱他们，心里想着他们。

海蓝：这个重要还是装修给点儿钱重要？

小设：这个重要。

海蓝：孝心是 100%，这一部分占到多少？

小设：80%。

海蓝：剩下 20% 是啥？

小设：我如果有这个心，最起码把这个话说出来，他们也挺开心的。其实也是让他们看到我是爱他们的。

海蓝：那怎么才能让妈妈有这样的感受呢？

小设：还是从言行上吧。跟妈妈不在一个频道的时候，就不要跟妈妈顶了。平时看妈妈有什么需要我做的，我就帮她去做，不要给妈妈找那么多的麻烦。

海蓝：你平时怎么给妈妈找麻烦的？

小设：就是每次妈妈看我很忙，就会给我帮忙。我以前好像觉得这是理所当然的，但现在我知道其实她也挺累的。我觉得我可以跟她一起去做，这样的话她会更开心。

海蓝：即便她自己做的话，你也应该怎么样？

小设：首先要感谢妈妈，让她感受到我对她非常感恩。她以前帮我做事我还挑剔，觉得她做得不好。

海蓝：这是妈妈需要的——不要顶嘴，要跟她一块儿做事；或做事以后不要挑剔，不要指责，而是感激。这些如果都做到的话，你妈妈会感觉怎么样？

小设：我觉得妈妈应该挺欣慰的。我觉得妈妈不需要钱，钱是冷冰冰的，也没有爱。

海蓝：好，吸气呼气。现在有三件事要做，一个要继续学习，一个是孩子教育，还有你爸爸妈妈要装修（新房子），你觉得钱不够。再看到这几件事，现在你看到了啥？

小设：我觉得其实还是有办法的。

海蓝：有啥办法？

小设：爸爸妈妈那边其实也不是非要我给那么多钱，我就是给他们少一点儿，我觉得他们可能也会理解，他们也知道我有很多需要用钱的地方。然后学习这块儿呢，我权衡了一下，还是要继续学下去。至于钱嘛，总会有办法的。

海蓝：孩子各种各样的补习怎么办？

小设：本身孩子教育这块儿是我和老公共同承担嘛，我觉得这件事他也会负担一部分的。

海蓝：那爸爸呢，他会在你困难的时候拒绝帮助你吗？

小设：不会。爸爸其实从小家里很穷，有五个兄弟，然后也吃了很多的苦。但他是一个非常要强的人，所以肯定也会承担很多。

海蓝：你觉得爸爸有过很多的爱吗？

小设：爸爸小时候应该没有得到很多的爱，因为那个时候孩子很多嘛，他们饭都吃不饱，大人都忙着，能让他们吃饱就不错了。

海蓝：那现在回过头来看，你要诺基亚，他为什么没有给你买？

小设：他其实对自己都可抠门了。他不光是对我，他可能还是觉得花这个钱没必要吧。

海蓝：到底是因为不爱你，还是觉得花这个钱没必要？

小设：他肯定还是爱我的，但是他觉得我挺不懂事的。自己都上班了还想着问家人要钱买手机。

海蓝：回到那个场景，现在你看到了啥？

小设：他好像也不是对我不满意，就觉得，买那个有啥用啊？觉得好像挺不理解的，觉得我这孩子怎么这么不靠谱呀。

海蓝：现在你已经30多岁了，再回头看那个场景你看到了啥？

小设：觉得当时的我挺任性的。

海蓝：那爸爸是不爱你吗？

小设：不是，其实那个时候，我好像一直以来就是那种公主脾气吧。就觉得爸爸妈妈挺宠我的，小时候就是啥好的都紧着我用，毛巾我每次都用新的，然后他俩就捡我用过的旧的用。我觉得自己好像挺不靠谱的，也没贡献啥，脾气还大得很。感觉爸爸也不想理我，觉得我就是那熊孩子样呗……

海蓝：无可奈何，又不懂事？

小设：对，就是那个意思。我挺感激爸爸的。爸爸给了我坚忍的品格。有个场景，我记得小时候我骑自行车，在大门口摔倒了，爸爸就看着我，然后我看着爸爸；我看他也没有要过来的意思，我就起来了。爸爸就说，你怎么半天不起来，我专门过来给你数数来了。（就像拳击比赛中，把一个人打倒就要数数。）我正准备过来给你数数呢，你就起来了。

海蓝：你爸还挺幽默的。

小设：对，他特别幽默。虽然我是个女孩子，在那个年代其实挺重男轻女的，他也挺想要个儿子，但是我觉得他也没有嫌弃我。他给了我很多。

海蓝：那想到这为啥会流泪呢？

小设：我觉得爸爸其实也挺不容易的，其实给了我很多很多的爱。

海蓝：你确定？

小设：我非常确定。他买这个新房子其实就是给我买的。

海蓝：其实装修也是给你装修？

小设：对，所以我也挺愧疚的。爸爸给我买个房子，装修还让人家掏钱，我也挺不好意思的。

海蓝：那你现在的感受是啥？

小设：我知道根源了。

海蓝：根源是啥？

小设：首先是小时候的那种恐惧，然后我就觉得不被爱，就觉得特别没有安全感。我可能认为他们给我东西就是爱我，不给东西就是不爱我。所以，后来只要一缺钱，我就觉得他们不会给我。我就又回去了，回到特别无力的那个状态。

海蓝：那现实呢？

小设：其实他们挺爱我的。

海蓝：没钱的焦虑现在是几分？

小设：现在也就两三分吧。

三、实操练习：如何用"拨云见日三步法"解决物欲追求者的忧心忡忡

对于人人都有可能有，又并非物质满足就能解决的物质焦虑，如何化解呢？最根本的解决方法，是像上述案例中的小设一样，找到造成自己焦虑的创伤根源。通过前面几堂课的学习，想必大家已经知道创伤是情绪的根源。要从根本上疗愈创伤，需要系统地学习和践行，或寻求专业机构的帮助。

在你进行系统学习或者寻求专业帮助之前，也可以通过"治标"的方法先让自己的情绪得到缓解。下面，我给大家介绍面对物质焦虑"治标"的方法——"拨云见日三步法"。这种方法，我们每个人在家里就可以自己探索、练习和使用，通过反复练习，也能起到一定作用。

之所以叫"拨云见日"，是因为物质焦虑就像一个过于敏感的报警系统，一点点烟雾就会触发，恐惧瞬间像乌云一样笼罩四周，主宰了你的想法和感受。但只要拨开这重云雾，看到云雾背后真实的现实，报警系统就会逐渐调整为正常反应。

拨云见日三步法第一步：
调整幸福认知，把物质摆在正确的位置

这个步骤又分为三个小步骤：

（1）回顾一下，你曾经梦寐以求的一种"物质"——房子、车、包包、珠宝等，当你终于拥有了它以后，你兴奋了多久？一个月？一周？一天？一小时？多久后归于平淡，继续常规的生活？

（2）回顾过往，让你感受到幸福、温暖的二十个场景，写下来，回看并总结。这些场景中有多少是与拥有了梦寐以求的物质有关？对你来说，到底是什么因素让你由心而发地持续感到幸福和温暖？

（3）以上的探索，对你有什么启发？究竟什么让你感到幸福？你需要开始做什么，停止做什么？

拨云见日三步法第二步：核算需求底线

人总是想要更多，但真实需要的是什么，是多少？当我们被无尽的欲望、贪婪追赶着时，徒增了危机和恐慌；而当我们看清了底线，就重新掌握了安全感。

（1）从生存需求出发来考虑，核算一下生存下来最基本的需求有哪些？比如衣食住行等，整体的费用是多少？

（2）在此基础上做减法，看看每一项的最低标准是什么？需要多少费用？哪些是必需的底线，哪些是升级优化的可选项？

比如住，是否一定要买房？是否一定要在北京买房？是否一定

要在北京买学区房？是否可以租房？需要多大面积？多少费用？再比如穿，需要花多少钱购置服装？是衣橱里永远少一件还是真的需要？

（3）一项项罗列出来，核算出最低生活的标准。这并不意味着我们就要过这样的生活，而是帮助我们理清底线。随着你从生活中拿掉的东西越来越多，保留的越来越少，你会越来越清楚什么才是你真正在乎的。明晰了这个底线，就容易找回安全感。

拨云见日三步法第三步：认清焦虑情绪占生活的比重

我们为焦虑所扰，当焦虑感来袭的时候，非常难受，本能地容易放大不好的感受，以为这些就是生活的全部。但事实上，生活是由方方面面组成的，焦虑究竟占了多大比重呢？

每个人的生活都是具体的，一天就是 24 小时也是确定的。

（1）请画一张时间表，在一天内，以每半小时为一个格子，共 48 格。

（2）面对属于你自己的 48 个格子，你是如何安排的？比如工作多长时间？睡觉多长时间？做家务？学习？等等。把所需的时间填到相应的格子里。

（3）你感到的焦虑占据多少个格子？计算焦虑在真实生活中的比重是多少。

（4）看到这个比例，你此刻的感受如何？焦虑对你的影响是什么？是否是你可以接受的？用我们前几堂课教的方法，如即时自我关怀、担忧拆弹法等，尝试帮助自己。

总　结
在考虑物质需求的时候，
用"需要"而不是"想要"

海蓝：整个梳理过程中，对你最有帮助的是什么？

小设：我的物质焦虑源于小时候的不安全感，源于我原生家庭的不和谐。如果再回头看我的物质焦虑的话，我就觉得自己被大脑欺骗了，就觉得恐惧，其实现实的生活不是那样的。

认识到这一点以后，我的焦虑可能就没有了。可能更多的还是对父母的愧疚，觉得父母给我买房子，我又不掏钱装修；好像应该做点啥，但是又怕自己拿不出多少钱。自己还是没有理解到父母真正需要什么。

通过这个探索，我知道该怎么做了，就是把精力主要用在关心父母上，体谅父母的感受比给钱要好很多倍。

海蓝：那转折点是在哪发生的？

小设：第一个是我看到了我焦虑的源头在哪儿。就是曾经有那么一个小孩，她真的很痛苦。第二个转折点就是意识到自己小时候的

第六堂课
如何化解你的金钱压力——拨云见日三步法

恐惧，是一个没有安全感的小孩；因为她小时候的恐惧，我整个人就被控制住了，所以一直有很深的不安全感。

看到自己的智慧、力量和爱的那部分以后，我慢慢地把恐惧的那部分分离出来了，不再让恐惧主宰我。我再回头去看那个场景，这时就看到了不一样的东西。其实不是爸爸不爱我，而是爸爸觉得买这个没有必要。这也是第二个转变。第三个点就是孝顺父母这块儿，我的认知也是有偏差的，就算给他们很多钱，但是我不改变自己的行为，他们肯定也是非常难过，而且也不会快乐。就这三点。

我从来不反对物质，因为那是生活的基础。我也不反对赚钱，钱会给生活带来方便。但我真的希望，大家能把物质还原到它本来的位置，在考虑物质需求的时候，用"需要"而不是"想要"。

这几年流行一本书，叫《断舍离》，虽然讲的是家居整理，但其倡导的极简主义生活方式，也透露了现代人正从盲目追求物质丰盛回归生活本质的倾向。

延伸阅读
当你做一件对的事时，世界也会为你让路

> **海燕**
>
> 海蓝博士第 17 位静修生
> 海蓝幸福家全项教练
> 海蓝幸福家教育总监
> 全球静观自我关怀中心正式老师
> 部分心理学一级治疗师
> 国家开放大学合作老师
> 国家二级心理咨询师
>
> **简介：** 19 年世界 500 强金融行业企业培训管理经验。2012 年 8 月参加海蓝博士静修生学习，在三年的学习探索中找到了一生的使命，经实习考核成为海蓝幸福家全项教练。2015 年 11 月毅然辞职加入海蓝幸福家，并担任教育部总监。

在这个时间点分享这个话题特别感慨。几年前我辞职转换职业时，物质压力是一座山，横在我面前，山对面就是我人生的理想；我非常坚定地想到达那里，但这座山如何跨越？很现实。

还是运用本堂课所讲的方法，来看看我是如何迈过去的。

其实幸福没有大小，幸福只是一种选择

看清真相，之后就会发现很多问题都迎刃而解了。

我大学毕业后就在一家金融公司工作，一做就是 19 年，一路在努力奋斗、追求物质带来幸福的大道上飞奔。当我 36 岁时，物质条件基本好了，公司也迈入了世界 500 强，作为中层主管的我也过上了小康生活。但奇怪的是，我经常发现自己的幸福感并没有提高，反而少了许多快乐，感觉为什么笑起来也那么费劲。我好像从一个鲜活的人变成了机器。这种感受其实特别特别难受。

心理学家马斯洛的需要理论说，人在最基础的生理、安全需要满足后，需要就开始向上发展，到了社会需要、自身价值的实现。我也是如此的路径。

年轻时为基本需要努力奋斗，中年时有更高级的需要。其实那时候迷惘和不快乐的我更需要的是自我价值的实现。

我开始聆听内心的声音，也慢慢开始探索，我到底是谁，我想做什么？内心有个声音渐渐从微弱到强烈——下半辈子我想要做一份帮助人追寻幸福的工作。

对于成功，我更认同："人生真正的成功是在任何境遇下，都能够快速恢复内心的宁静与人际关系的和谐，并持续向目标迈进。"我非常喜欢海蓝老师这句话，这也是我的价值观。

当我把对幸福的认知调到这个轨道后，物质的需要就归位到了合适的位置。我不再羡慕多房、多车、多存款的人。

其实没有谁对谁错，人生只是一种选择。我选择内心的宁静与和谐，我选择帮助更多的人能够内心宁静与和谐、走向幸福。

对幸福的认知调整后，物质的焦虑相应就会减少许多。往往让我们焦虑的是对未来的不确定，而我们又错误地把拥有更多物质当作了确定感与安全感，才会不断去填满欲壑，并在幸福的假象中迷失自我。

当你看清人生究竟什么对自己最重要时，当你做着自己喜欢又擅长的事时，确定感与满足感就会充满内心；而那份确定与安全远远大于用大量物质填充空虚的欲望而带来的安全感与确定感。

朋友们听到这可能会说，不能只要理想不要物质吧？的确，我也是凡人，物质是基础，但是，真正的基础是我们"需要"的物质，而不是"想要"的欲望。不是用物质来追求幸福。

虽然将物质摆在了一个合理的位置，但面对辞职时新行业、新公司的不确定，还是会有生存的现实压力。我是如何迈过去的呢？

当把最差的可能想好时，物质的压力就会减少很多

我大约记得，当时维持我最低生活水平需要每月 7000 多块。算了算新的工作的收入可能还达不到这个数，但我的积蓄还可以

支撑两年。而这两年中自己的能力在增加、公司也在发展，愈来愈好的可能性比较大。

就算万一不好呢，我想以我多年的工作经历、培训经验，又学习心理学多年，也是位好妈妈，就算做个保姆，也一定会是个高级保姆啊！我相信，以我的勤劳、爱与专业能力，一定能养活家人。当把最差的可能想好时，物质的压力即时减小了大部分。

其实我们太多时候是放大了焦虑的感受

那到了第三步的时候，其实我还是会存在一些焦虑。但是当我开始认清这个压力和焦虑的时候，它其实已经减少许多了。

当我做好这个决定时，物质上的焦虑就极少困扰我了。因为我的精力都用在了创建新的生活上，新的事业需要投入的精力、时间，200% 还觉得不够，真的没有时间去焦虑。偶尔脑子瞬间也会有万一的想法，但我感受到那真的只在瞬间，可能一两分钟之内，相对于我一天当中的大部分时间，这个比例已经对我的生活造不成影响，就允许它存在吧。

人不可能没有压力，也不可能没有焦虑，但只要它在合理的范围内，它也影响不了我的生活。其实我们太多时候是放大了焦虑的感受。人的大脑对恐惧的放大是倍增效应的。当客观认清焦虑的占比，而不是跟着焦虑的情绪跑的时候，它就不再影响到我。

现在的我，早已经没有了当时的物质压力，工作、生活都更好了，内心更多的是淡定与从容。此时的我愈加体会到，当你做一件对的事时，世界也会为你让路。

我相信在生存的现实中，依然会有一些压力，但是我不会被压力带走。我会更加认清压力到底在生活中意味着什么，把它放在一个合适的位置上，也有更多更好的方法来处理这种压力。

最后，愿我们每位朋友都能够用自己的方式，认清物质压力的真相，在各种压力不断的社会中，活出自己的轻松与宁静！

n

7

如何将自卑转化为自信
——自我探索六步法

你是否总觉得自己不够好?

是否习惯了畏首畏尾、随声附和?

是否在内心深处感到自卑?

如何才能将自卑转为自信呢?

一、没有一个人希望自己是不自信的

自卑，往往是夸大了别人的拥有，看低了自己的所有

我相信每个人都希望自己是自信而不是自卑的，但自卑其实非常常见，并不只有那些自身条件不好的人会自卑，很多优秀的人也会自卑。自卑，往往是夸大了别人的拥有，看低了自己的所有。

自卑的核心是认为自己不够好，不如别人，没有价值。自卑的人对自己很苛刻，很在意别人的眼光，爱比较，常常伴随着自愧不如、害羞、不安、内疚、忧郁、无助等感受。

但没有人生来就自卑，自卑是后天习得的。你是否看到哪个小 baby 觉得自己难看、不好，自愧不如人？没有。人是在长大的过程中，被不断评判、指责、比较，才渐渐认为自己不够好，不值得别人关注、尊重和爱。

自卑一般有向内攻击、向外攻击两种典型表现

（1）**向内攻击**。内心有很多评判的声音——我不行，我做不到，都是我不好，我让你们失望了。

自卑的人总是畏首畏尾、随声附和，没有自己的主见，看不见自己的优势，觉得自己的存在没有太多的意义；他们常常怀疑自己是否值得被爱，自我价值感低，为了避免伤害，一般比较封闭自己；他们很多时候会逃避躲闪，爱低着头，说话的时候眼睛不敢与人对视，生怕别人看到自己内心的脆弱。

（2）**向外攻击**。常常以攻击、指责别人的方式来掩饰自己的不好，好像把别人说得差点，自己就不那么差了。

以下案例中的雨欣对待爱人就是这样。这种自卑的人，通常会假装不在乎，爱显摆、吹嘘，时常表现出自己很行的样子，一旦听到别人否定自己，就会非常敏感，难过生气——就是说不得的人。这样的人不仅自己活得很累，和他在一起的人也累，如履薄冰，因为不知什么时候就会惹他不高兴。

其实，不管是谁，不管他多有名、多有地位、多有钱，在别人眼里多能干、多光鲜，在内心都有对自己怀疑、不确定、不自信的时候，也都有害怕、孤独、想退缩、想放弃、没有力量、没有办法、没有方向的时候。

没有任何人例外。

人生最终的结果不同在于：在这些时刻你如何选择——是陷入自责、羞愧，还是停下自责，看到自己，给自己温暖和关怀？

二、每个人生来都是自信的，
   为什么后来走了样

　　每个人生来都是自信的，之所以变得自卑，是因为对自己有着深切的不认同，而这往往源于过去没有化解的创伤。我们究竟如何找到自卑的根源并将其转化为真正的自信呢？

　　下面我们来看看雨欣的案例。

　　分享人：雨欣

　　居住地：北京

　　工作：销售

　　问题：自卑、不自信，觉得学历不如人，家里没别人有钱，公司小，业绩也不好，想尝试改变，却不敢去做。

　　雨欣：我叫雨欣，来自四川，目前在北京工作。这次来，主要是想解决我自己自卑、不自信的问题。

　　我觉得我什么都不如别人。以前觉得自己的家庭不如别人，自己上学的时候还要做很多的家务，也不如别的小朋友玩得那么开心；长大以后又觉得自己没有上大学，学历不如别人高，也没有别人家有钱，也没有去那种名气很大的公司，工作上业绩不如别人好，自己只能继续在这个小公司里做一个普通的销售员。

其实有很多事情我都想去尝试，但是我不敢迈开脚步。我曾经甚至以为我是不会结婚的，也不会有快乐和幸福，自己可能会孤独终老，这辈子可能也就只能在这个小公司里待着。我觉得自己各方面都做得不好，辜负了父母的希望。我希望能够看到一个自信的自己，不再去挑剔自己有这么多的毛病，而是由心而发地真正欣赏自己。

下面是我引导雨欣梳理的场景。

海蓝：你觉得有点儿自卑，是不是？

雨欣：对。

海蓝：如果 10 分是特别自卑，0 分是不自卑，你大概给自己打多少分呢？

雨欣：可能在 7 分左右。

海蓝：那么高，7 分？你在什么地方感到自卑呢？

雨欣：在生活中和工作中都有。

海蓝：生活中怎么表现出来的？

雨欣：就是面对我爱人的时候，觉得我跟他有很大差距。他很优秀，比我优秀。

海蓝：那会怎么影响你的生活呢？

雨欣：反正现在我们已经不说话了。

海蓝：噢，都已经不说话了。

雨欣：可能之前就觉得自己不如他，对他很暴躁吧。

海蓝：想用一个打压和暴躁的方式，把他的好降到跟你一样的水平？

雨欣：好像是这样的。

海蓝：你跟爱人在一起，如果你自信的话，会怎么样？

雨欣：如果自信的话，我可能不会再对他发火，或者他做什么的话我肯定会遵从我的内心，真心实意地说，哎，你真的做得挺好的，我挺佩服你的。

海蓝：但从内心来讲，其实你真觉得他非常优秀，他很棒。

雨欣：对。

海蓝：那你告诉过他吗？

雨欣：没有。

海蓝：这种自卑对你还有什么影响？

雨欣：我本来是做销售的，然后在去拜访客户的时候，有另外一家公司的销售和我遇到了，我就主动退出了。

海蓝：跟其他人在一起时，有这种自卑的感受吗？

雨欣：有，就是跟朋友在一起的时候，他们都能谈笑风生，但是我觉得我插不进话。

海蓝：插不进话的原因是什么？

雨欣：我觉得我格格不入，不知道跟人家说什么。

海蓝：跟朋友在一起，你希望看到一个什么样的自己？

雨欣：一个很自信的自己。

海蓝：如果是自信的你，会怎么和朋友们相处？

雨欣：会和朋友们一起聊天，如果不知道他们聊的话题，我会大方地问他们聊的是什么，能不能跟我说说，不会自己一个人躲在角落里。

自卑，一定给我们的生活、工作、社交等很多方面造成了影响。所以我问雨欣，在什么场景下她感到自卑？她说跟爱人、客户和朋友在一起的时候都会有自卑感，也就是在她的工作、生活和情感上，自卑都给她带来了很多的搅扰。我接下来问，她想达到什么状态？不自卑又是什么样子？她的目标非常清晰。

从雨欣的案例中，我们看到雨欣卡在了什么地方。接下来我们来看一下，她的自卑情绪是如何一步步得到梳理的。

第一步：找到自卑的根源——创伤

海蓝：好的，你能不能把眼睛闭起来？你可以先让身体从头到脚逐渐放松下来：脖子，肩膀，胳膊，胸，腹，腰。吸气呼气，然后感受一下自卑在身体的什么地方？

雨欣：我觉得有一团球状的黑色的东西，堵在胸口这个地方。

海蓝：好的，请你看着这团黑色的东西，看有没有画面出现？没有也没关系。

雨欣：（她专注地向内看了一会儿）我看到小时候的自己，好像是一年级的时候。有一次六一儿童节，被选为少先队员的人要上台去戴红领巾。那天早上我就跟我妈说想要一件新衣服，然后她就给我准备了一件蓝色的衬衫，特别朴素的一件。其实我是很高兴地去学校的。但是要上台的时候，我们老师让我把那件衣服脱了，她说特别难看。有一个同学多穿了一件衣服，老师就让我穿上她的那件衣服，然后上台戴红领巾。

海蓝：看着那个小雨欣，你的感受是啥？

雨欣：有些难过，还有很多的心疼。

海蓝：那你看着这个雨欣，她想对你说什么？

雨欣：她其实觉得那件新衣服没有那么难看，那是妈妈为她准备的。老师都不知道，其实妈妈基本上是不在她身边的，她就想穿着那件衣服，然后戴上红领巾去给妈妈看。她想跟老师说自己的想法，可她没敢说。老师很凶地说，这么难看的衣服，你赶紧脱下来！

海蓝：因为老师的一句话，全部（勇气和期待）都被砸碎的感觉，是不是？小雨欣还想告诉你什么？

雨欣：让我跟妈妈说，她不是故意（不穿那件衣服）的，她让我跟我妈妈说不要责怪她。

海蓝：那你想对小雨欣做什么？

雨欣：想鼓励一下她，想跟她说，其实没有关系的，你穿的那件衣服虽然是同学的衣服，但是你戴上红领巾，妈妈也很高兴。

海蓝：后来发生了什么？

雨欣：回去的时候，可能是害怕妈妈说她，然后她自己就很生气地说，妈妈，你给我准备的这件衣服太难看了，老师都不让我穿！

海蓝：好，再回到那个画面。雨欣，你现在已经长大了，你其实可以保护小雨欣的，是不是？你看着7岁的小雨欣的脸，她现在是什么样子？

雨欣：自己坐在一个角落里。我想跟她说，其实你是很棒的，穿什么衣服不重要，你如果觉得自己想在这儿坐一会儿也没关系，我也坐在你旁边。不管怎么样，我都会保护你的。

海蓝：那她现在是什么样子？

雨欣：她让我坐在旁边。我拉着她，跟她说，放心吧，有我呢！她扑在了我的怀里。

海蓝：你想搂搂她吗？我这儿有一个枕头，好好搂着她，把你想说的话也告诉她。

雨欣：她觉得心里特别难过，有一种愧疚也有一种难堪。

海蓝：你会对她说啥？

雨欣：我会跟她说，没关系的，这些事都会过去的，没有人会责怪你，我会一直陪着你，我觉得在我心里你永远都是最好的、最棒的。

海蓝：她听到你说的这些话之后，是什么样子？

雨欣：她感觉好一点了。

海蓝：再回到老师说你的衣服这么难看，让你换上别的同学的衣服的时候，小雨欣希望你跟老师说啥？

雨欣：她希望我跟老师说，老师，这件衣服是我妈妈给我准备的，我基本上见不到她，这已经是妈妈为我准备的最好的衣服了，我不希望穿别人的衣服。

海蓝：那说完这些话之后，小雨欣还想做什么？她想不想离开那个地方，离开那个被老师羞辱的地方？

雨欣：想。

海蓝：小雨欣想让你把她带到哪里？

雨欣：她想让我带她去玩一会儿。

海蓝：那你把她带到什么地方去玩？

雨欣：带她回家。

海蓝：带回家以后呢？她现在是什么样子？

雨欣：她平静了一些，她看到妈妈在做她自己的事情，然后她想去帮妈妈做点事情。

海蓝：那你问问她，想不想把她在六七岁的时候，老师所带来的这种羞辱和自卑，甚至有些愤怒的感受都放下，不再背负这些负担继续走？

雨欣：想。

海蓝：那她其实可以找一个地方，把这些东西都释放——这种自卑啊，被羞辱啊，感受不好的、难过的，她都可以放下。然后感觉一下这些东西在小雨欣的什么地方，以什么形式背负着这些负担？

雨欣：在胃，还有双臂。

海蓝：小雨欣可以把这一切都卸下来，不再背负。可以去山上、河边或任何一个地方，在这些地方她可以把这些都卸载了；卸载的东西可以变成风，可以变成火，可以变成土，也可以在水里面被冲走，或者变成空气被吹掉都可以。那小雨欣想把这些负担变成什么东西卸载掉？

雨欣：变成风。

海蓝：在什么地方让它变成风？你能不能带小雨欣到一个有风的地方？

雨欣：河边。

海蓝：好的。把她带到那儿去。然后让风把那些负担都吹掉，从她的胃、双臂，全部吹掉，吹得一丝不剩。此时此刻，院子里也刮起一阵风来，好应景。……让风把这负担全部吹掉……现在吹掉了没有？你觉得双臂和胃里面还有没有负担？那种羞愧和自卑有没有被吹掉？

雨欣：在胃里面还有一点儿。

海蓝：好，继续吹，可以吹得劲大一点儿。慢慢来，不着急，全部吹掉。

雨欣：好了。

海蓝：现在看着卸载了所有羞愧和自卑的小雨欣，她现在是什么样子？

雨欣：她很欢快地在那待着，不觉得很伤心了。

海蓝：在你内在的世界里，她想要做一个什么样的人？

雨欣：她希望她能给我带来快乐。

海蓝：好的。小雨欣在你的内心帮你承载了这么多年的自卑和羞愧，你想对小雨欣说啥？

雨欣：我想好好抱抱她，然后感谢她为我承载了这么多年的自卑；然后跟她说，我会和她一起快乐的，我会变得很快乐，我希望她也一直幸福快乐下去。

自卑是从哪里来的呢？其实，是成长经历创伤的结果。小孩是不会自卑的。孩子从 6 个月开始跟其他人有明显互动，一般 1 岁以前的孩子都是无所畏惧的，如果没有受到重大伤害，他的能量很足，什么都不怕。

自卑感通常是在小时候经历了创伤的结果。父母是孩子的天地，而老师又是学生心目中的权威；因此，爸爸妈妈与老师对孩子的斥责和评价都会对孩子产生很大的影响，特别是负面的言语。比如"太笨了""脑瓜不开窍""真是个饭桶""你看谁谁谁就不会问这么愚蠢的问题"等，这些都可能严重挫伤孩子的自尊心，使他产生不如别人的感觉。这种情绪渐渐地蔓延、扩散，从而在心里埋下自卑的种子，进而引发人际关系的障碍和行为上的困扰。

20 多年前，7 岁的雨欣面对老师的斥责，没有力量去表达自己的心里话，也觉得很愧对妈妈，这就形成一个创伤，这么多年来一直影响着她。如果我一开始就直接问她有什么创伤，她很可能无所适从，也不会直接想到根源的问题其实是老师当众的否定和训斥。

因为儿时的很多记忆是从身体和感官而来，后来被冰封在岁月中，成为隐性记忆，不在意识的层面，所以对很多人来说，过去的事儿就都过去了，没有必要再提。但实际上，没被疗愈的伤痛会一直深藏在身体的记忆里。

每个情绪在身体里都有它的位置，定位情绪是疗愈的关键部分，所以，首先我问雨欣身体里的感受，就是让她定位，让她感受自卑在什么地方，是什么形状。她很快找到了那个位置——在胸口，像一团黑色的球状的东西。然后，身体中储藏的情绪和创伤经历就浮现出来了。受伤的部分需要被看见、被理解，承载的自卑和悲伤需要被放下，伤痛才会被疗愈。放下了伤痛，有智慧、力量和爱的真我就能够引领自己想要的生活。

第二步：让自己真我的部分主导生活

海蓝：好，那我们吸气呼气。然后再把自己带到过去的场景——你去推销产品，结果看到竞争公司的人也在那儿给人家介绍产品，再出现这种情况你会怎么做？

雨欣：我会看到一个比较从容的自己，如果竞争公司的那个人在的话，我会告诉他，你们先谈，我在外面等一等，等你们谈完以后我再进来。我说话也不紧张了，很清晰地跟客户介绍我的这个东西是什么。

海蓝：你觉得你能做到吗？

雨欣：我觉得我能做到，心里面还是挺满意的，很高兴。

海蓝：至于他买不买那是他的事，对不对？

雨欣：对。

海蓝：这是不是你想要的自信的状态？

雨欣：是的。

海蓝：你现在的感受是啥？

雨欣：挺高兴的。

海蓝：好的，我们再切换到另外一个画面。好，吸气呼气，你和一帮朋友们在一块儿，一些人在聊天，他们聊得热火朝天，你在旁边，你会怎么做？

雨欣：我会听他们聊，然后跟他们一起聊，高兴的时候笑一笑；我可以跟他们聊一聊我所知道的一些东西。

海蓝：你能看到自己未来会这样做吗？

（雨欣点了点头）

海蓝：你确定？

雨欣：确定。

海蓝：百分之多少地确定？

雨欣：我觉得我还是有95%的确定吧，我觉得现在的我好像跟刚才就有点儿不一样了。

海蓝：也让这种感受好好留在心里，留在身体里。

雨欣：我觉得现在我的腰板好像都要直一点儿了。

海蓝：挺起腰板还是很重要的。好的，现在要准备切换到另外一个画面，准备好了告诉我。

雨欣：好了。

海蓝：切换到你和你爱人在一起的画面。你会以一种怎样的状态和他相处？

雨欣：我会表示我的崇拜，我会这样（崇拜的样子）看着他，老公你真棒！

海蓝：你说出来觉得肉麻不？

雨欣：没有，不肉麻，我觉得看到老公会很放松，真的会这样说——老公你真的好棒，我太佩服你了！没有觉得自己很肉麻。

海蓝：那他会怎么回应你？你估计。

雨欣：他肯定也会很高兴，说老婆你也很棒！

海蓝：如果这样下去，你俩的关系会怎么样呢？

雨欣：浓情蜜意。

海蓝：修复关系的第一步，应该是对过去发生的事情做一个厘清，再接下来要做一个修补。修补的过程中，你做错的地方就要先道歉。

雨欣：我已经道歉了。

海蓝：你会怎么道歉？

雨欣：我会跟他说，过去都是我做得不好，特别抱歉。希望能够得到他的原谅，其实在我心里，他是特别优秀的。

海蓝：咱们试着来捋一遍，我就是你老公，你会跟我说啥？

雨欣：觉得我做得特别不好。

海蓝：哈，你还知道！

雨欣：一直都知道，只是以前用的方式不太合适，就是打压你，那也是我心虚的一种表现。现在我觉得我确实做得不太好，自己也不太满意，但是我希望老公你能够原谅我。其实在我心里你非常非常优秀，特别特别好，我觉得你能看上我，真的是我特别大的福气，希望我们能够和好，一起走下去。

海蓝：他心里会有什么感受？

雨欣：他会有一些触动，可能他也会想想他自己，想想我们今后的生活。而且我也会继续改进我自己，让自己成长，关心他，不断地夸赞他。

海蓝：这么下去，估计你们的关系会怎么样？

雨欣：会变好的。

海蓝：你确定？有多大把握？

雨欣：最少 80% 吧。

海蓝：80% 的把握。那你看到一个这样的自己，你的感受是啥？

雨欣：觉得自己还是挺棒的。

海蓝：你看到一个这样的自己，对自己满意吗？

雨欣：满意。

课堂小贴士

　　在这次的核心梳理中，我用的是部分心理学的方法进行带领。

　　部分心理学（Parts Psychology，也叫 Internal Family System Model，即内在家庭系统疗法）的创始人 Richard Schwartz 博士在研究与治疗中发现：

　　人的内在有三个部分：充满智慧、力量和爱的部分，防御（保护）的部分，和脆弱的部分。世界上没有真正的坏人或有精神疾病的人，只有被脆弱和保护的部分暂时遮挡了真正的自己的人。但没有任何一片乌云能够永远遮住太阳。

自卑是属于脆弱的部分。我帮助雨欣调动内在真正的自己去帮助她脆弱的部分。当真正的自己呈现出来，她就有力量和勇气面对老师和妈妈，也就有智慧、有力量在现实生活中跟爱人、客户、朋友相处，出现问题时也知道该如何去面对了。所以，当她回到各个场景，不用我引领，自己就知道该怎么办，她非常清晰。

很多人心里有一个误区，就是总希望专家或老师给他支招，教他"一、""二、""三、""四、""五、""六、""七、"……，其实，没有人比你更了解自己的资源和限制；真正适合自己的方法，只有自己最清楚！

当你自卑无助的时候，你要知道那不是真正的你，你只是暂时被乌云遮住了眼睛；真正的你是充满智慧、力量和爱的。那怎么才能回归真正的自己呢？用有效的方法，做千万次的练习，你就会慢慢靠近真正的自己。

但对很多人来说，一个人很难长久地持续践行，而在有同样追求的团队中，互相提醒、鼓励就容易做到。所以，建议大家多在相关的互动群里分享践行收获与困惑。这也是为什么我要求我的静修生至少系统地学习 1~2 年，从自我探索、持续践行、同伴教育、教练督导四个维度成长。

改变就像你在一条山路上走了几十年，现在要去修一条新的路，这可不是一朝一夕可以完成的，而是需要持续不断地努力，直到形成新的习惯和模式。

感恩过往的经历，建立自我价值认同感

带给人不舒服和痛苦的经历是个很厉害的两面派，如果我们对它排斥、对抗，它会回馈你更多、更强烈的对抗；假如我们愿意重新认识、了解、靠近、接纳它，它也会慢慢对你和颜悦色，发挥它天使的一面，给你的生活带来精彩！

感恩那些让我们经历不顺的人与事，它们都是生命的阶梯，也都是化了装的命运的祝福和助力；只是当时的我们心智有限，不能领悟。

随着心灵的成长，我们慢慢学会了接纳和等待，等待岁月揭开命运的谜底，相信一切都有上天的美意！

带着恐惧和担忧的雨欣常常盯着外界，伸手去要，最终身心疲惫，却忘了我们原本可以自给自足。每个人都有足够的智慧、力量和爱让自己的生命更加精彩，关键是懂得发现和创造。

三、实操练习: 360 度看到自卑全相,
将自卑转化为自信

先从 360 度看到自卑的全相,再从战略和战术上找到自信。那么具体该如何将自卑转化为自信,从而让自己变得更加强大呢?

下面我们一起跟随雨欣来探索,如何将自卑转化为自信。

海蓝:吸气呼气,准备好了就把眼睛慢慢睁开。现在你的感觉是啥?

雨欣:现在我对自己还是挺满意的。我觉得自己真正做到了把过去放下,然后慢慢地往前走,然后变强大了。

海蓝:我们可以把枕头拿开了。

海蓝:我现在想问问你,胸口的那团黑东西还在吗?

雨欣:还有一点儿,但是它周边变成金黄色了……还在继续慢慢地变化。现在再去看就是一个金黄色的东西。我现在有一种腰板都直了的那种感觉,整个心情也变得愉快了。

海蓝：你的自卑，刚开始我问你是多少，你说7分，那现在自卑还有多少？

雨欣：可能有3分。

海蓝：是什么使你放下了自卑？

雨欣：我带着小雨欣一块儿再次去面对那个场景——去面对那个老师的斥责。老师说，你这衣服太难看了，赶紧给我换了，你们家怎么给你穿这么难看的衣服？这个时候，我去跟她说，其实这个衣服我认为很好看。真的面对这个场景的时候，我觉得其实没那么可怕。

海蓝：好的，今天你终于放下了内心的羞愧。如果羞愧有100的话，哪些部分帮你放下了羞愧，还有多少羞愧？

雨欣：小雨欣的部分我觉得至少有60%。然后再去面对各个场景，让风把所有负担都吹走了，那个也放下了比较多的部分，可能至少有30%吧。

海蓝：去面对老师的斥责和羞辱占60%，放下那些负担占30%，剩下10%在后来再面对这些场景？

雨欣：对。

海蓝：通过这次梳理，你收获了啥？

雨欣：首先我觉得其实自卑也是自己给自己的，可能是外界的一些言语伤害了自己，自己就觉得特别难过，就产生了自卑的情绪。第二个是觉得自卑也没有那么可怕，其实我是有内在的力量来处理这个东西的。第三个是我觉得这部分（自卑）处理好的话，呈现的会是非常好的一个状态，然后自己也很满意自己的这个状态。真正去面对这些伤痛，自己才会变得轻松，达到自己想要的那个状态。

战略上：要学会"接纳自己的不完美"

（1）自卑是一种共通人性。

如果你感到自卑，你要知道，你并不孤独，我们都需要被理解、被爱。在这个世界上，每个人都有不自信、失败、低落、对自己不满意的时候，都有不如意、不能改变现实、感到痛苦的时候，每个人内心深处都有很多未知、孤独、恐惧，使我们不敢靠近和呈现自己。

每个人都由很多的部分组成，而自卑只是你的一部分。自卑不等于不好，它是可以转化的资源和能量。即便自卑，你也可以过好自己的人生。

（2）不在比较中浪费自己的时间。

你用来与他人比较的每一分钟，都是在失去创造自己价值的时间。日积月累，就会离自己的梦想越来越远。

每个人都独一无二，如果你是雏菊，那就让自己成为一朵绽放得最美的雏菊，而不需要把自己变成牡丹或者玫瑰。

发现自己的独特魅力，列一个你自己拥有的品质和魅力的清单，看看你能从中发现什么。

（3）停止自我攻击，开始自我关怀，建立自我价值认同感。

停止对自己的攻击和伤害，开始对自己的善意和关怀。给自己足够温暖和智慧的关怀，接纳自己的不完美，不把他人的拒绝和否定作为自己不够好的证据，不攻击自己，学着像对待最好的朋友一样关怀自己各种各样的情绪。

同时，将自己的注意力转移到自己感兴趣，也最能体现自己价值的活动中去，做自己喜欢并擅长的事情，比如你唱歌不行，但画画很好，那就去画画，如此等等。

看到自己每一个微小的进步，哪怕是蚂蚁脚步般的进步，都要肯定、鼓励，甚至奖励自己，比如送自己一枝玫瑰，奖励自己看一场电影，吃点儿好吃的等。

战术上：实施自我探索六步法

（1）找一个安静的地方闭上眼睛，做三个深长的呼吸，感受一下当你感到自卑的时候，你身体的感受是什么，情绪是什么，并定位这种情绪在身体什么部位最为明显。

（2）你可以把手放在胸口，或放在你感到舒服的位置，带着善意对自己说：

自卑让我难过，这样的时刻也是生活的一部分；
自卑只是我的一部分，但并不是我的全部；
这个世界上自卑的人不止我一个，愿我能够接纳原原本本的自己。

（3）你可以想象一下自卑是否有一个具体的形象，然后像对待最好的朋友一样去跟他聊聊天，谈谈心，看看他想告诉你什么，他希望你怎么对待他。

（4）要知道自己是一颗充满智慧、力量和爱的种子，你生来就是自信的。去看看你内在的自信是一个什么形象，他在你身体什么部位，想告诉你什么。也可以去想象一下那个自信满满的你，把他带到眼前，去感受你的感受。

（5）回顾一下，从小到大你都有哪些美好的品质和能力？这些品质和能力来源于谁？你做过哪些好事、值得骄傲的事、帮助过别人的事？汇总整理成一个清单，看看你的收获和发现是什么。

（6）每天做一件让自己或者别人快乐的小事，比如呼吸新鲜空气、买一枝鲜花、听一首歌、给人一个微笑，帮别人开门、按电梯，给人让座等等，并记录你的感受和发现。

延伸阅读一
《部分心理学》：
愿用最有效的方法帮助你化解痛苦

海蓝博士

情绪管理与幸福专家

简介： 拥有20余年医学领域科研和工作经验，20年身心健康领域工作经验，具有深厚的科学基础和学术背景，同时兼具丰富的临床咨询和团体培训经验，是一位理论与实务兼具的身心健康专家。

从本书中你会发现，有许多案例都是案主通过与自己内在的不同部分对话来化解情绪的。当我们用淡定、平静、好奇和关怀的态度，去看、去倾听、去理解内在的不同部分时，一切情绪就会清晰，也容易化解。这种方法就是部分心理学。

如果你在阅读或观摩视频时，想对部分心理学，也就是内在家庭系统有更多的了解，建议你阅读由部分心理学创始人Richard Schwartz 所著的《部分心理学》。

下面给大家分享我对部分心理学的认识和理解。

"部分心理学"是继弗洛伊德精神分析之后
最具划时代意义的心理疗愈体系

2016 年 9 月，我和来自哈佛大学的临床心理学家、静观自我关怀创始人 Christopher K.Germer 博士，带领中国第一届静观自我关怀师资培训。Germer 博士在给我们教练团队督导心理创伤疗愈课程时，分享了现在国际心理学领域卓有成效的心理创伤处理方法——"部分心理学"（IFS），并介绍了"部分心理学"的创始人 Richard Schwartz 博士。

"部分心理学"使创伤疗愈的进程大大加快，而且在疗愈抑郁、焦虑、愤怒等方面都有显著的疗效，大大提升了人们的幸福感。

我至今都清晰地记得 Germer 博士在谈及"部分心理学"时，眉宇之间闪烁着的兴奋表情，像哥伦布发现了新大陆一样。

用最有效的方法帮助人们化解痛苦是我毕生的追求。Germer 老师是我在世界心理学界最敬仰的、学识渊博、充满智慧和温暖，又知行合一的老师。他的推荐自然有非同一般的分量，他大概看到了我满是渴望的眼神，心领神会地说："我可以介绍你们认识。"

2016 年，在哈佛大学参加"国际关怀理论与实践大会"前，我第一次见到了 Schwartz 博士，我们一见如故。他是位非常低调、极具创造力、思维极其敏捷的思想家。他也是美国顶尖的家庭治疗师，与人合著的《家庭治疗：概念和方法》（*Family Therapy: Concepts and Methods*）一书是美国应用最广泛的家庭治疗教材。后来他创立了"部分心理学"——现在世界上备受瞩目的心理治疗方法。2015 年，IFS 被列入美国 NREPP（National Registry of Evidence-based Programs and Practices，国家循证项目与实践注册系统）目录，成为美国国家医疗系统认可的疗法，也是美国医疗保险系统认可支付医疗费用的治疗方法。

因为"部分心理学"的核心理念与传统心理学有着划时代的不同，Schwartz 博士在三十多年的探索和研究中，经历了许多的坎坷、痛苦，甚至遭到非难，但是他对真理的执着追求和勇气，令我对他有了更深的敬仰。

我立刻开始跟随 Schwartz 博士学习，定期接受他一对一的督导，参加他亲自带领的小型 IFS 自我成长静修营。我认真地读了好几本他著的书，而《部分心理学》这本书我至少读了八遍。尽管我已从事心理教育和疗愈工作 20 年，也帮助了许许多多的人，但在跟随 Schwartz 老师学习和督导的过程中，我对自己内在的"保护者"和"脆弱者"部分有了前所未有的了解，使我放下了我以为早已遗忘，但一直影响我的童年创伤，这深深地震撼了我。

我认为"部分心理学"是继弗洛伊德精神分析理论之后最具革命性的心理学论著，具有划时代的意义。它为化解人类的痛苦提供了充满希望和力量的理念；更重要的是，它还有一系列有效的方法，使人能够放下过去，不忧未来，享受当下。

太多的人背负了太多原本不需要承载的痛苦，而这本书的初衷就是让人们的内在世界得到解放，让我们远离痛苦，更好地生活。这正是我们翻译这本书的初衷。

我们都是生命奇迹的一部分

概括来说，我们的内心世界主要由三个部分组成：保护部分、脆弱部分和真正的自我。

保护部分：

它是我们内心用来避免受伤的防御部分，是在生活经历中逐渐摸索出来，用来管理我们日常生活和行动的部分，比如过度努力、控制欲、自我批评、冷漠、讨好、愤怒、怀疑，等等。

我们对自己的看法和对世界的看法，很大程度上取决于这个部分。

脆弱部分：

它是我们内心经常逃避或对抗的部分，比如被否定、被抛弃、恐惧、孤单、羞愧、抑郁、焦虑。我们不喜欢这些感受，不喜欢这些部分，总是试图把它们掩藏或者消灭掉。

"保护部分"和"脆弱部分"都是我们内心的部分，尽管它们都以自己的方式保护着我们，但如果让这些部分成为生活的主导，就容易陷入各种情绪旋涡当中。比如，我们害怕孤单或被遗弃，怕自己不被认可，因此就会过度努力，或者讨好他人、委曲求全。

"真我"部分：

"真我"是我们原原本本的自己。"真我"拥有以下特质：平静、清晰、好奇、信心、勇气、有创造力、内心充满爱、淡定、智慧。

有的人也许曾经在一瞬间感受到过真正的自己，但是稍纵即逝，很快又被内心"保护部分"和"脆弱部分"占了上风。有的人也许从未体验过自己真正的状态，或者不相信自己能够拥有"真我"的状态。那也不要紧。它一直都在那里，就像被掩埋了的金子。而我们现在有方法，能够找到它，让它重新发光。

部分心理学：每个人都具备智慧、力量和爱

"部分心理学"的核心理念是每个人都具备智慧、力量和爱，来面对和化解生命中遇到的所有痛苦。不管你是什么人，外表如何，内在都同样美好，彻头彻尾的美好和富足。只是不同的人生经历和痛苦，掩盖了我们原本美好的样子。

我认为"部分心理学"是现代心理学革命性的发展。它以一个前所未有的视角来看待人的种种经历和精神状态，不以病态和带偏见的视角去解读和看待包括自己在内的任何人。

它认为，这个世界上没有真正的精神病人或坏人，只有被不同内在部分主导和遮蔽的状态——如果你抑郁、焦虑，是因为抑郁、焦虑的部分主导了你的生活。就像乌云暂时遮住了太阳，但是没有任何一片乌云能永久地遮住阳光。

"部分心理学"的创造性不仅在于它提出了现代心理学革命性的观点并发展壮大，还有一系列切实可行的有效方法，帮助我们从各种带有偏见、歧视、禁锢的观念中得到解放，看到生命的充实丰盈和希望，而不是让抑郁、焦虑、愤怒、恐惧、悲伤、羞愧影响自己的生活。

对于所有遭受各种情绪困扰的人，甚至被打上抑郁症和焦虑症标签的伙伴们，我推荐你们读这本书。你会真正开始理解、接纳和爱上自己，并释放出你现在无法想象的力量，发掘你无法想象的资源。

对于所有想助人的伙伴，我也推荐你读这本书。从了解自己、找到真正的自己，到了解别人、帮助别人找到真正的自己。作为助人者，我们能做的和要做的，就是从自身"真正的自己"的状态，激发对方回到"真正的自己"的状态。我们从来解决不了别人的问题，他们的问题也不需要我们解决，因为每个人内在其实都有足够的智慧、力量和爱，能够解决自己的问题。

总之，这本书会对自助助人者产生极大的启发。

愿所有人都能透过迷雾和乌云，看到青山绿水、蓝天白云。

愿所有人都能面对各种人生境遇，回归内心的宁静、与人的和谐。

延伸阅读二
"优秀到没朋友"
——如何摆脱自卑，建立自信

祁艳菲

海蓝博士第 87 位静修生

海蓝幸福家全项教练

全球静观自我关怀中心正式老师

国家二级心理咨询师

简介：在广告、公关、消费品行业深耕多年，2013 年 5 月
参加海蓝博士静修生学习，在自助助人中找到人生
价值，2013 年 7 月毅然辞职，跟随海蓝幸福家学习、
践行、助人幸福。现为海蓝幸福家全项教练。

往往越是自负的人，越是隐藏着巨大的自卑

现在我们来继续谈一谈，关于如何减少自卑，建立自信的
话题。

当我们想到超越自卑，建立自信的时候，能够摆脱自卑的另
一面是什么呢？有些朋友可能会想到，是不是自尊？有了高自尊，

是不是就能对治自卑了呢？

有的伙伴会想，是不是不自卑的人就会自恋，甚至自负呢？自负的人应该没有自卑了吧？

真相是，往往越是自负的人，越是隐藏着巨大的自卑；他们需要用自负的形式来伪装。

而自尊也是基于比较、竞争发展出来的。高自尊会使我们在成功时，感觉良好；但是当一个非常高自尊的人遭遇失败的时候，往往会感到比一般人更多的痛苦。

真正能帮助我们疗愈自卑的，除了海蓝老师在这一堂课中讲到的，去寻找引起自卑的创伤源头之外，在日常生活中我们还可以用自我关怀，尤其是其中的"自我欣赏"的方法，来帮助我们缓解自卑的心态，建立自信。

通过"自我欣赏"帮助我们缓解自卑的心态

什么是自我欣赏呢？我们可以回想一下，在生活中，你是否经常能够看到自己的优秀品质，能够感恩自己身上所具有的优点？又或者你习惯于批评自己，专注于自己的不足，却往往忽略了自己的优点？

当你受到别人的表扬时，是否会立马反弹出去（比如，您过奖了）？而当你受到哪怕最细小的负面评价后，就总是念念不忘呢？

曾经有一个学员，在讲述她自己的故事的时候谈到，她感到非常苦恼。原因是什么呢？因为在最近的一次公开的演讲中，她得到了非常多的好评，但是就在无数好评声中，有人提到她的普通话可能不是特别标准，有一些地方口音。然后她就对这个反馈意见耿耿于怀，完全忘记了其他人给予她的很多很多的肯定和赞赏。

这样的情况是不是也经常发生在你的身上呢？

有时候，我们只是想想自己的优点都会让我们感到不自在，对中国人来说尤其如此。比如，当别人表扬我们的时候，典型的回答是：哪里哪里，您过奖了！

为什么赞美、感激我们的优点这么难

为什么赞美、感激我们的优点这么难？如果你问大家，大家会说：

（1）欣赏自己是骄傲的表现。从小我们就被教育，谦虚使人进步，骄傲使人落后，所以我们不能太重视自己的优点。

（2）害怕从现在所处的地方掉下来。如果我们接受了别人的表扬，认可了自己的优点，别人就会期待我们永远表现得那么好；当有一天没做到的时候，会让人失望，还不如一开始就不承认自己的好。

（3）树大招风，这样容易招来他人的羡慕嫉妒恨。

（4）欣赏自己的优点让我们与他人疏离，好像我们欣赏自己会让别人觉得我们太了不起了，有句话说"优秀到没朋友"……

这些，是不是也是你心中的担忧呢？

那我们是否能用健康的方式欣赏自己，而不用感到有心理负担或者"优秀到没朋友"呢？

事实上，理解共通人性是关键。

并非要等到已经完美了，才有资格欣赏自己、肯定自己

一个自信的人，并不是因为他是完美的，也不代表否认自身的不足；而是认识到除了拥有不那么美好的特质外，也拥有美好的特质。正如你看到一株玫瑰时，虽然它的枝干上长满了利刺，但是它花朵的色泽、芬芳依然是无与伦比的。我们并非要等到已经完美了，才有资格欣赏自己、肯定自己；你目前拥有的，一定含有优秀的部分，每个人都有！

同时，我们的优秀品质，源于生活里其他很多人和环境。

比如，你皮肤白皙细腻，可能缘于你的父母把这样良好的基因传给了你；又或者你有出色的音乐才能，也许是因为你来自一个音乐世家，从小耳濡目染，让你在这一领域能得到比普通人更多的机会和成就。

当我们看到自己的优点不只是自己一个人的事，还有来自其他许多人的贡献时，是否会更有助于你承认自己的优秀品质？

自我欣赏并不意味着自恋或者自私。因为，当一个人自恋的时候，整天想的是"我"，心中不会再给他人留出位置，而是希望对自己的事和利益享有绝对的优先权。他的这些优点是只能供自己调用的私人资源，无法再与他人共享。

其实，当我们看到自己的优点，并不像我们手握一个名牌包包，四处向人炫耀：你看我多美，多高贵。当我们欣赏自己优点的时候，不是在炫耀一件私有财产，而是通过它带给我们愉快和自信，从而让我们可以更好地为他人付出。

所以，自我欣赏并不是排他的，而是帮助我们找到力量、自信去敞开自己；而别人也能通过享受我们的优点从中受益。它让我们能更好地为他人付出，从而更好地获得与他人的联结。

我邀请大家，可以经常花一些时间，数点一下对自己感到欣赏、满意的地方。感受一下，自己有那么多优秀的品质，它们缘何而来？可能是来自你的父母、老师、朋友，或者是某本书。

当你想到这些的时候，也许内心也会对成就你这些品质的人和事物予以感谢。你也可以把这些优点、品质写下来，然后好好体会一下沉浸其中的感受。

当你这么做的时候，相信你也会感受到更多的愉悦，渐渐地，也会得到更多的自信。

祝愿大家，在这些探索和练习中，能够找到越来越多建立自己自信的力量。

延伸阅读三
如何安抚自卑带给自己的痛苦

马丽媛
海蓝博士第 1 位静修生
海蓝幸福家全项教练
全球静观自我关怀中心正式老师
国家三级心理咨询师
中国心理卫生协会会员

简介： 材料学硕士，10 年建筑材料科研和客户服务经验，为了尝试从技术工程师到助人工作的转变，2011 年 1 月参加海蓝博士静修生学习，在践行成长和助人实践中更加确定自己的助人使命，把帮助别人走向幸福作为一生的事业追求。2013 年 12 月经考核成为海蓝幸福家全项教练。

想到受伤的自己，你感受到的痛苦程度是多少

有的朋友说，我已经跟随老师的课学习了好几遍了，也发现了受伤的自己，但还是不知道究竟接下来该如何安抚遇到困难、受伤的自己。

有朋友说，我初中毕业，因为家庭变故没办法完成学业，现

在在工作中，看到高学历、有知识的人，就觉得自己低到尘埃里，怎么办？

还有朋友问，如果我身边的朋友也很自卑，我该如何帮助他们呢？

接下来我详细地回应大家的问题。

首先，我想请大家理解并深刻地知道，在改善自卑、提升自信方面，海蓝博士已经在课程中讲解并演示了非常有效、系统的方法，大家一定要反复地学习和练习才会获得更好的效果。

那么在实践过程中，安抚不了受伤的自己怎么办呢？

首先，我们要看一下，想到受伤的自己，你感受到的痛苦程度是多少？

通常把痛苦的感受，例如无助、悲伤、恐惧、羞愧等脆弱的情绪可以按照 0~10 分量化。0 分是想到某件事情或者某个场景，一点痛苦都没有，内心很平静；10 分是痛苦已经到极点，无法承受了。

那么，在我们的内心，首先可以根据自己的感受先给自己的痛苦打一个分。

（1）如果这个分值在 5 分以上，通常我们会非常容易被痛苦的情绪带走，陷入其中。

这时候，自己是很难安抚受伤的自己的，需要有经过训练的教练或者老师的引领和陪伴才能够安抚好受伤的自己。

有的朋友说，如果不能马上找到专业人士或老师来陪伴和引领我，而自卑对我的影响又确实很大，我该怎么办呢？

其实当痛苦的分值比较高的时候，我们虽然不能直接彻底地安抚好那个受伤的自己，但是我们可以做一些事情来平衡我们的痛苦情绪，不让自己被它们带走。

海蓝老师在《不完美，才美Ⅱ：情绪决定命运》一书中提到情绪梳理七步法，就可以非常好地帮助我们平复情绪。

（2）接下来说说痛苦程度在5分以下，没有被痛苦情绪卷走的情况，如何更好地安抚自己的自卑情绪，或者说这个时候如何更好地安抚受伤的自己呢？

其实安抚的时候，有个最核心的问题，即产生自卑情绪的那个时刻自己需要什么？当知道他到底需要什么的时候，我们可以创建性地满足他的需要，然后就能很好地安抚他。

那个受伤的、容易自卑的自己需要什么呢

那个受伤的、容易自卑的自己需要什么呢？我们通过两个故事来说明吧。

故事1：

第一个故事是我亲身经历的，我相信许多人也都有类似的经历。我们很多人都有小时候被老师批评或否定的痛苦经历。

我印象深刻的是我的小学班主任，如今都不记得具体因为什么事情，我只记得他把我叫到他面前，非常凶地对我说："你不要上学了，回家吧，你表现这么不好，学校不要你啦，马上拿着东西回家吧！"

当时我非常害怕和难过，就一直哭。长大后，每当回忆起这段

经历都会感到非常害怕、痛苦。那么在静修学习过程中，我是如何安抚那个受伤的自己的呢？

首先，在想象中回到了那个老师批评我的场景。我先向那个一直哭泣的自己做了自我介绍，告诉她我是长大后的她，我很厉害，有很多能力可以帮她解决困难。

然后，我非常有耐心地问那个正在哭的孩子："宝贝，你需要什么？我做些什么可以帮到你呢？我是专门来帮助你的，看你哭得这么伤心，你需要我做些什么吗？"

那个孩子看到我，一下子就不哭了。她告诉我她很害怕，她非常想上学，因为上学比闷在家里而且经常生病、不让出门有意思多啦，所以她特别害怕回到家里。

了解到她的需求，我答应她要好好保护她，并告诉她，她后来没有被老师送回家，而是继续上学，老师只是在吓唬她；后来她学习也挺好的，在学业上取得了很好的成绩；我会在任何她需要的时候，来到她身边保护她。

我再问她需要什么时，她说需要安慰。我问她需要怎么样的安慰，她说，拥抱。我就给了她想要的拥抱，像妈妈一样温暖的拥抱。

慢慢地，她在我的怀里安静下来。这个受伤的自己，在我安抚之后又开心地上课去了，她又开始继续她的小学学习生活了。

故事2:

第二个故事是一个私营企业老板的故事。

他的企业做得不错，但是他内心对自己的学历特别自卑。他初中毕业的时候，因为家庭经济突然变差，只得被迫辍学打工来养家。

他的那个自卑的自己是如何得到安抚的呢？在陪伴、安抚他的过程中，我们一起看到他的那个自卑的部分特别难过，尽管成绩不错，但是无法上高中读大学，这是他一生的遗憾。我们去看他，不仅仅是陪伴他，我还把他最有智慧、力量和爱的那部分也带回到了他辍学的那个场景。我们问他，你的成绩不错，但是无法读高中上大学，是不是特别遗憾？他说，是的。

我们继续问他，你这么遗憾，你需要我们做些什么呢？通过一段时间的交流，他对他智慧、力量和爱的部分其实已经非常熟悉了，他也就能够敞开心扉说出自己真正的需求。其实他最想要的就是上大学，去体验大学生活。我就接着问，你想去哪所大学体验生活呢？他说想到本省最好的大学去体验四年的生活。

这样，我们为了满足他的需求，就在想象中，请到了他最有智慧、力量和爱的部分陪着他一起，想象着进入本省最好的大学开始学习。在这个过程中，我请他描述他在大学里的学习生活是什么样子的，每天早晨起床到晚上睡觉都是如何过的，请他描述几个场景出来。

在这个过程中，那个自卑的部分就非常开心地描述了他是如何在大学生活的：怎么吃饭，怎么睡觉，怎么学习，怎么和同学交往……一系列的场景。描述的同时，他也把那些场景仔细地体验了一遍。

后来我继续问他，你看到这些，大学生活非常美好，你也已经体验了，你还有什么需求？他说其实他上大学是想有一个好工作，将来有一个好生活。我们继续陪伴他，让他看一看长大以后的自己，他的工作是什么样的，他的生活是什么样的。当他看到他的工作还不错，取得了很大的成就，而他的生活也很安稳，有了家，有了孩子，他的遗憾慢慢减少了，内在那个难过、自卑、特别想上学的自己也慢慢被安抚。

亲爱的，你是不是也在学业上有很多遗憾呢？你也可以试着按这个企业老板的方法带领自己去安抚那个遗憾的部分，尝试创造性地去安抚他，满足他的需求。

那我们总结一下，其实安抚内在受伤的自己、自卑的自己，有可能还包括羞愧的自己，我们首先是定位——我们要把现在的自己定位成像爸爸妈妈一样的特别温暖、慈爱的形象，充满智慧、力量和爱；而把那个受伤的自己定位成一个正在哭泣的孩子，或者正在难过的孩子。现在的我们会无条件地去关怀那个自卑、受伤的孩子，然后满足他的需求。

具体如何满足，就要看大家如何启发自己的智慧啦！好好在这个方面做一些有创造性的工作。我们每个人都能做到的。

如果你有一个特别自卑的朋友，你该怎么帮助他呢

我们说了如何安抚自卑、受伤的自己，接下来我们再说一下，如果你有一个特别自卑的朋友，你该怎么帮助他呢？

有的朋友会非常直接地说，推荐海蓝老师的课程呀！我想大家都有一颗愿意助人的心，也非常愿意把好方法分享给朋友，这非常棒。

其实帮助朋友的原则和安抚自己的原则是一样的，核心问题仍然是问他需要什么。

比如你的一个朋友经常说自己不好，总觉得自己不善于表达，工作做得不够好，人际关系处理不好，特别担心领导和同事对自己不满意……

你可以对他说：亲爱的，以我对你的了解，你不是一个很难相处的人，工作也一直很努力，是不是工作中遇到什么困难的事情啦？具体说出来，我们一起讨论一下，看看我可以为你做些什么。

你的朋友可能会说：领导给我一个任务，对我来说挺有挑战的，我想拒绝领导不接这个任务，但是又担心他不高兴……接下了这个任务，自己压力又特别特别大。

这个时候，你就可以帮助他分析领导的想法，帮他分析他有哪些资源可以迎接挑战，完成这个任务。

在帮助朋友的过程中，我相信你不仅提升了自己的助人能力，而且也拥有了一份很好的友谊。良好的人际关系对我们的生命也是一种很好的滋养。

而你这个朋友在接受帮助之后也会好奇，你怎么这么厉害呢？你是学了什么才帮到我的？这个时候，我们就可以向这个朋友推荐好的课程，他也会非常愿意接受。这个时候如果他能加入课程的学习，深入地自我探索，就是真正帮他自己。

其实，来自外界的力量毕竟是有限的，真正能够帮到他的，还是他自己对自己的探索。学会方法，然后不断地实践。

好的，希望大家可以拥有一个特别特别美好的内在的世界。我们每个人都拥有安抚受伤自己的能力，在掌握方法之后，就需要不断地实践，并在适当的时候寻求帮助。相信大家通过努力，一定可以获得内心的宁静和与人关系的和谐。

第七堂课
如何将自卑转化为自信——自我探索六步法

on

怕被拒绝，
如何勇敢 say no

你是否总是不好意思拒绝别人？

又或者是怕被拒绝？

如何才能摆脱脆弱，做一个不怕被拒绝，

又能勇敢 say no 的人呢？

一、怕拒绝和怕被拒绝怎么办

为什么被说"不"和说出一个"不"都那么难

这堂课我们谈一谈怕拒绝和怕被拒绝的话题。

在工作和生活中，有很多人担心或害怕拒绝别人或被拒绝。怕拒绝别人，不敢说"不"，习惯性地说"好的"；怕被别人拒绝，尽量自己去完成所有事情，不敢说"能否帮个忙"。

这两者都容易因为自己的行为而产生一系列不良的情绪。比如自己手上其实有很多工作，但只要有领导、同事希望你能再帮忙做点其他工作，就算内心想拒绝，话到嘴边依然说不出口，怕引起别人不高兴。但接下额外的工作任务后，又会让自己难过，情绪不好。

再比如，你总是怕麻烦别人，不好意思请人帮忙，即使是熟人，也开不了口。有时硬撑着宁肯崩溃，也不愿求助别人。被说"不"，和说出一个"不"，都是那么艰难！

那么，人们为什么害怕拒绝或被拒绝？

到底怕什么？

如何做到不害怕呢？

这是我们这堂课的三个主要内容。

人到底在怕什么

我在我的学生中做了一个调研，发现有意思的是，无论职业是医生、警察、公司职员还是老板，不论男女，害怕拒绝别人和被人拒绝的现象都普遍存在。大家对于拒绝或被拒绝的感受和想法也非常相似。

（1）怕拒绝别人，通常是因为：

① 怕别人不高兴、不舒服；

② 怕破坏彼此的关系，让关系疏远；

③ 怕自己不被认可，甚至被孤立、被边缘化。

（2）怕被拒绝，因为被拒绝通常让我们认为：

① 自己做得不好、考虑不周全、对方不认可我们；

② 自己不够好、不值得、没价值；

③ 没面子、羞愧。

下面让我们看一看娜娜的案例。

分享人：娜娜

现住地：北京

工作：人力资源管理

问题：害怕被同事、朋友拒绝，不善于拒绝别人，感觉不被别人关注，同时又深感孤独。

娜娜：我叫娜娜，来自成都，主要工作是做人力资源管理。现在生活和工作中遇到的问题就是，害怕被拒绝和不敢拒绝别人。比如说，同事找我分担一些工作，或者朋友找我帮忙，其实有的时候不管时间上还是精力上我都做不到，可能能力上也有做不到的时候，但我就是不敢拒绝别人，硬着头皮接下来，然后就去做。其实做的时候心里挺委屈的，但就是不敢拒绝别人。

拒绝别人会让别人觉得我不好，或者怎么样的，他们就会不理我了，朋友之间的友谊也会受到影响；还有一个就是怕别人拒绝我。有的时候可能真的能力有限，我也需要别人的帮助，但是往往我又怕我说出请求，别人会拒绝我。有时候我就在心里纠结到底是请求还是不请求，到最后，我就想干脆我自己做吧，尽量不去向别人开口。

周围的人都觉得我是一个好人，挺好说话，所以找我帮忙的人也越来越多。但是我又不愿意去找别人帮忙，就跟大家有一种疏离感，感觉自己有时候挺孤独的，有点违背内在的自己。我觉得在公开场合，或者是大家在一块儿的时候，我就是容易被遗忘的那个，不太被人注意的那个。有的时候其实心里比较渴望让别人看到我，但是大家都看不到我，我就觉得很失落、很孤独。我希望能够做自己吧，就是如果她们请求我帮助的这件事，我做不了，我希望我能够勇敢地说出来。

下面是我引导娜娜梳理的场景。

海蓝：具体在什么时候你怕拒绝别人？

娜娜：在工作中吧，比如说有的时候可能是我职责以外的，有很多人会请我帮忙，我的领导也会给我安排一些我本职以外的工作。但那个时候我真的忙不过来，可我又不敢拒绝别人，也只有硬着头皮答应下来。做的过程中自己又觉得很委屈，但还是得做。最后自己还是在很不开心的情绪下做完了那些事。

海蓝：这种事发生得频繁吗？

娜娜：还是挺频繁的。

海蓝：一周工作当中大概这种事会出现多少回呀？

娜娜：一周的话至少有一到两次吧，基本上感觉没有断过。其实我也有很多挺委屈的话想说，但是见到了同事或领导，我又说不出来了。

海蓝：对于特别害怕拒绝领导这事儿，你以前都尝试过什么方法？

娜娜：我会在头脑当中想象一下这个（拒绝的）场景。别人也给我讲过，要温柔而坚定地拒绝，但是我尝试了很多次都做不到。有时头脑中已经想好了那个场景，我也准备好了，也练了几次，但是真的到领导面前去说的时候，我感觉我的话到了嘴边，又被咽回去了。我没有那个力量，总觉得还是怕。

海蓝：这种尝试你已经试了多少次了？

娜娜：好多次了吧。

海蓝：这一部分给你在工作上带来的烦恼，占你工作当中烦恼的比例有多大？

娜娜：有80%吧。

海蓝：那对你的生活有没有影响？

娜娜：有影响的。有的时候我想做一些事都没有办法做，从早上睁开眼开始就是工作，然后到晚上很晚回家。

海蓝：你说到这儿，我看到你挺难过的了。

娜娜：对，因为觉得那种感觉太难受了，想说出来但又不敢说。

海蓝：不能拒绝，让你最难过的是啥？

娜娜：好像是自己挺好欺负的感觉。是因为我太软弱了吗？

海蓝：最主要的一个感受就是特别委屈？

娜娜：嗯。

海蓝：特别生自己的气？

娜娜：对，生自己的气。

海蓝：那你生她们的气吗？

娜娜：还是有的，觉得有时候还是挺想抱怨的，为什么又叫到我，我真的就很好说话？！后来在责怪别人的同时我又开始对自己不满，我对自己说，还不是你从第一次开始就接受了，别人也就顺理成章地会找你，这个是你自找的！我又会这样来说自己。

海蓝：横竖都是自己不好。

娜娜：我觉得自己挺不好，挺讨厌自己的。

海蓝：除了工作上你怕拒绝别人，家庭生活中有没有影响？

娜娜：从时间上来讲，其实我更想做一些自己想做的事情，比如在幸福家学习。有时候忙得情绪都没时间去处理，因为一天耗的能量太多了，晚上回去就特别疲惫。每天就像没睡醒的感觉，没完没了的工作占用了我太多的时间和精力。包括有的时候，比如爸爸妈妈打来电话关心一下我的情况，我就特别不耐烦，我觉得我工作都还没完成，你们怎么又来打扰我了。

海蓝：他们挂了电话之后，你的感受是啥？

娜娜：我觉得我挺对不起他们的，他们跟我说两句话我都不耐烦。

海蓝：那你希望是一个什么样的状态？

娜娜：我希望我能够勇敢地拒绝一些没有精力承担的事情，能够有勇气说出那些我到现在说不出来的话。有的时候就算是说了一点点，我都能感觉到自己不坚定，好像别人能从我的话中感觉到，你还是可以做的。有的时候就对自己非常不满，当自己发出一点儿声音，自己又想把它压下去。

海蓝：那平时别人跟你说，这个事你帮帮我，你一般都会怎么说？

娜娜：我心里如果不想帮的话，我就说其实我事儿也挺多的，然后这么一句话就完了。别人可能也听得有点模棱两可，然后还是把事情交给我了。

海蓝：你一般说拒绝的话的时候，是不是笑眯眯地说的？

娜娜：我没察觉之前，就是这样子。反正就是不敢流露出自己真实的想法。

海蓝：怕拒绝别人对你的影响，在整个生活中的不愉快占多大比例？

娜娜：整个生活还是有60%吧。

海蓝：那你能不能现在把眼睛闭起来，回想一下，拒绝领导和拒绝同事，哪个更怕一点儿？

娜娜：拒绝领导要怕一些。

海蓝：那能不能想一个具体的事情？

娜娜：说最近发生的吧。因为我们这次搞了一个培训的活动，人手不够，也没有招到合适的人，然后我们的领导安排我来主导这个事儿。在开会的时候我拒绝了她，但是拒绝得不够坚决。

海蓝：你怎么拒绝的？

娜娜：面带微笑地告诉她，我现在手头的事情也挺多的，然后就没有再说第二句话了。我也不知道她怎么想的，反正最后她还是说这个工作由我来主导。当时我就想也推不掉了，然后我就安慰自己，就当是在学习吧！我后来也没有再去推辞这个事情。但是在做的过程中，我的本职工作也非常多，而且事情也非常杂，如果我交给别人做的话，大多数时候还需要我再去理一次。

海蓝：拒绝的时候心里其实不坚决，有点儿害怕，你的害怕在身体的哪个位置上？

娜娜：我觉得好像在脑袋这里。

海蓝：感受一下，看能不能看到这个恐惧？

娜娜：好像还是可以的。

海蓝：那你再接着看看，你看到了啥？

娜娜：看到一个挺无助的自己。

海蓝：当你看到无助的自己时，盯着她看的感受是啥？

娜娜：觉得她挺可怜的。

海蓝：她大概多大？

娜娜：现在好像只能想象那是现在的自己。

海蓝：什么样子？

娜娜：蹲在一个角落，头埋着。

海蓝：那你看到这个躲在角落里，头埋着的自己，她的手在啥地方呢？

娜娜：手是这样的（双手交叉抱着自己）。

海蓝：你可以比画一下她现在是什么样子吗？

娜娜：我觉得像这样的（蜷缩）。

海蓝：看到她这样，你的感受是啥？

娜娜：我觉得她很可怜、孤单，一个人蜷缩在那个角落。

海蓝：那你想怎么样对待她？

娜娜：我想去陪伴她，也想去抱抱她。

海蓝：我这有一个大枕头，你可以把手伸过来抱一抱。那你抱着她，你想对她说啥？

娜娜：其实她每次都尽力了，挺不容易的。她其实非常有能力，不是那么软弱的人，不要这样委屈自己。希望她能坚强一点儿，坚定一点儿，她没有自己看起来的那么柔弱，我是非常爱她的。

海蓝：她听完你这些话以后，她想对你说啥？她为什么这么害怕？

娜娜：她怕别人不认可她，看不见她，她想让我看到她。

海蓝：那你告诉她其实你已经看到了。

娜娜：对，我已经看到你了。

海蓝：还想对她说啥？

娜娜：你不是孤单的，我现在正抱着你，我能看到你，也很在乎你，也会认可你。她就觉得我不太认可她，然后总是把她忽略掉。

海蓝：那她需要你怎么对待她？

娜娜：多陪陪她，还是希望我能看到她。

海蓝：那她现在觉得你看到她了吗？

娜娜：虽然我跟她说了这些话，我感觉她好像还……

海蓝：不太相信你？那她怎么才能相信你？

娜娜：她没有说话。

海蓝：那你再接着看着她，你看到了啥？

娜娜：我觉得她太可怜了，这不应该是她原本的样子。

海蓝：在曾经的经历中，她有没有过这种无助无望的感受？

娜娜：有过。

海蓝：什么时候？

娜娜：高中的时候吧。

海蓝：发生了什么？

娜娜：她的成绩没有初中的时候那么好，那个时候的她也很努力地学习，但是好像不得方法，考试成绩也非常不理想。周围的人都对她很失望，觉得她不应该考出这样的成绩，她应该还是像小学和初中那样，她明明是很优秀的。而且教哥哥的老师刚好就教她，那个老师经常跟同学说她的哥哥多么优秀，所以她的压力特别大。爸爸妈妈还为了她的学习，停下了工作，专门照顾她，她的成绩依旧提不起来，所以她自己也觉得挺难受的。她觉得高中三年的生活，都不是她想要的。

海蓝：能不能回到那个场景中？就是老师拿她跟哥哥比的那个场景，你想对她说啥？

娜娜：每个人都是不一样的，你也有自己的优势和特长，你不能去复制哥哥的那条路。哥哥读的是理科，其实你的优势更偏向于文科，你学文科会很优秀的。但你就是因为受了这些压力和周围环境的影响，选择了不适合你的理科，所以你学得非常痛苦。你总是把哥哥视为你心目中的榜样，但是你忘记了自己的优势。因为这样，你自己的成绩才一直提不上去，这对你的自信心的打击也很大。

海蓝：那她希望你怎么做？

娜娜：希望我能够看到她的不容易。

海蓝：你看到她的优势是啥？

娜娜：她学习其实很努力，而且也非常细心。她的英语成绩也特别好，她可以发挥出自己的优势。

海蓝：除了这些以外，你觉得你还看到一个什么样的娜娜？

娜娜：积极上进的（娜娜），而且很有意志力，在那样的环境下，她能坚持下来；虽然读了理科，却没有放弃，而是在努力。

海蓝：她感受到你听到她的话了吗？

娜娜：感受到了。

海蓝：你看到她现在是什么样子？

娜娜：眼睛中也有泪水，感觉说到了她想听的。

海蓝：她眼神里面现在还有怀疑吗？

娜娜：没有了。

海蓝：那你回到高中，老师又说她哥哥如何如何的时候，她想对老师说什么？她能不能直接把她的话跟老师说？还是她希望你帮她跟老师说些什么？

娜娜：她好像还是希望我帮她说，她好像不敢。

海蓝：那你想对老师说什么？

娜娜：她的哥哥的确是学习的榜样，但是他们两个人是不同的人。虽然他们是兄妹，但各自都有所长，不要拿哥哥的名次来跟她进行比较。他们俩所在班级的环境也是不同的，周围的人也是不同的，没有可比性。

海蓝：你说的时候坚定吗？

娜娜：有点儿胆怯。

海蓝：你高中毕业多少年了？

娜娜：20 年了。

海蓝：一直伤你伤到今天，这件事对你一直影响到今天。从一个真正的自己的角度，你看着她，把你的胆怯放在一边，你能够替小娜娜再跟老师说一遍你想说的话吗？

娜娜：我和我的哥哥是不同的，我哥哥在学习上很能吃苦，非常努力，是我学习的榜样。但是我们各自的特长和优势是不一样的，我可以变得很优秀，但是我不一定要跟我哥哥走一模一样的路，我也有自己的所长，我觉得在自己的所长上我会发挥得更好！

海蓝：还想对老师说啥？

娜娜：不要拿我和哥哥比较，不要提到他。

海蓝：现在的娜娜是什么表情？

娜娜：有一些小小的吃惊吧，有点儿不可思议的感觉。

海蓝：她还想待在那儿？

娜娜：她现在没有蜷缩在那里了，她把腰给挺直了。

海蓝：她还想跟老师说点儿啥不？

娜娜：你不用拿我跟哥哥比，我有我自己要走的路。填志愿的时候，因为我哥哥考的是军校，所以你们都希望我也填军校，其实我知道自己根本就不适合。我以后的选择我想自己做主，我想在没有哥哥这个压力的情况下好好学习，而不是被哥哥的光环所束缚。

海蓝：还有想跟老师说的吗？

娜娜：没有了，我感觉她（小娜娜）好像挺坚定的，而且她站起来了。

海蓝：那她现在想离开那个环境吗？

娜娜：想离开，我感觉她站起来想转身了。

海蓝：她想到什么地方去？

娜娜：她往墙角的左边走了。

海蓝：她要去什么地方？

娜娜：好像我看不到。

海蓝：为什么你看不到了？

娜娜：我觉得她可能对自己的未来还不太确定，还有一点儿小小的茫然，虽然她有力量。

海蓝：那怎么样才能够帮她？她需要你怎么做才能够相信你？

娜娜：我也需要有力量，然后……

海蓝：那这个已经不是真正的你了，真正的你是充满智慧、力量和爱的。因为你带着怀疑的部分去见她，她当然不信你，让真正的娜娜出来。现在呢？

娜娜：现在她回头看我。然后我拉着她的手，让她跟我走。但是她还是有一点点勉强，不太多。她好像开始露出一点儿笑容了！

海蓝：你现在坚定不？

娜娜：我现在坚定。

海蓝：坚定以后你问问她，她想到哪里去？

娜娜：还是想做回自己。

海蓝：做回那个害怕得蜷缩在角落里的自己吗？

娜娜：不是不是。阳光一点儿，有力量一些，充满活力的。

海蓝：离开那个被老师成天拿去跟哥哥比较的环境，她想到哪里去？

娜娜：有绿树还有湖水的地方，然后草坪上有一些五彩斑斓的花朵。

海蓝：那现在她是什么样子？

娜娜：现在她笑了。我感觉她挺有力量的。我拉着她，刚才有点儿勉强，现在没有了。她现在好像充满了自信，然后脚步也加快了。

海蓝：那你问她想不想把过去那种难过、恐惧、害怕和其他的负担全部卸载掉，不再带这些东西？

娜娜：想，她很坚决地说想。

海蓝：那想用哪种方式把负担卸掉？可以变成光，可以变成水，可以变成火，可以变成土，也可以变成风在空气中被吹掉。她想用哪种方式把它卸掉？

娜娜：用光。

海蓝：一束光，全部化解掉。感受一下，从你每个毛孔、每个细胞，从脚趾到手指，所有的恐惧，那些对于权威的害怕——害怕父母、哥哥、同学、老师不满意，害怕自己不够好……把这部分全部卸载掉，然后深深地吸气呼气三次，让所有这些负担全卸载掉！

娜娜：我觉得这几十年都很不容易，真的很不容易，我也没看见过她。

海蓝：她现在终于被看到了。

娜娜：对。（流泪）

海蓝：你这泪水代表着什么？

娜娜：代表欣喜。我看到她，在那道光的下面，光照耀着她的脸庞，她在微笑。她能露出那个笑容，好像真正地得到了她想要的。

海蓝：她对未来怎么样？

娜娜：充满信心。现在她脸上是很自信的笑容。

海蓝：好，吸气呼气。那你现在的感受是什么？

娜娜：挺激动的。

海蓝：为啥激动？

娜娜：好像这是一种久违的笑容。

二、人为什么害怕拒绝和被拒绝

娜娜的案例是一个非常典型的害怕拒绝或被拒绝的案例。她是一个平时工作非常认真的人，脾气好，总是笑眯眯的，朋友经常找她帮忙。有的事她想拒绝，但始终说不出来；有时候轻描淡写地说一句，也非常不坚决，让对方认为她同意了。这是为什么呢？

从刚才的梳理中，我们可以看到娜娜的脑海里有三个关键的假设。

假设之一：委屈自己 = 求全

我曾经在我的学生中做过调研，发现有近一半的人怕拒绝别人是因为担心拒绝会让人不高兴，从而导致自己被疏远、被孤立。因此，他们希望用委屈自己，来换取融入群体，和别人保持和谐的关系。

但委屈在心里会慢慢发酵，心里不愿意又不敢说，一边忍，一边又觉得自己软弱、好欺负，结果造成很多内伤。

但是，委屈真的求得了全吗？

第一，心存委屈的时候，工作会受影响。请回忆一下，当你不是心甘情愿做一件事的时候，效果真的好吗？

第二，你的委屈让自己心有芥蒂，从委屈可能滋生其他负面情绪，如自责、怨恨、愤怒，等等。被这些情绪包裹，很难建立真正亲密的关系。

第三，你也不要小看了其他人，不管你嘴上说些什么，你的每个毛孔和细胞都透露着"委屈"的信息，别人都看在眼里。你的表里不一，也会成为影响你们关系的障碍。

所以委屈，往往求不了全。

假设之二：拒绝别人 / 被人拒绝 = 我不够好

从娜娜的案例中我们看到，她既害怕拒绝别人，也害怕被人拒绝，因为她觉得这都意味着自己不好。为什么她会有这样的感受？

"好"和"不好"是对我们价值的判断，与我们最深切的需求——安全感相关。从出生时起，小婴儿如果不够"好"，不被人喜欢，就可能没有办法生存。我们大脑中时刻有个监视器，监督自己做得好不好；一旦发现蛛丝马迹，就会拉响警报。

在我们成长的过程中，我们对自己的评价是在外界对我们的评价基础上逐渐形成的。

一件事做得让别人满意，评价就好，就意味着你很好；别人不满意，就是你不够好。我们总是简单地以"好"和"不好"，来界定每天遇到的事情。

娜娜高中时代的经历，根深蒂固地让她形成了自己不够好，或者担心自己不够好的心态。因而在成年之后，她依然习惯性地认为：拒绝或被拒绝就意味着别人不高兴，就会导致关系被破坏，而一切的原因都是自己不够好。

假设之三：现在的我 = 小时候的我

从案例中，我们看到娜娜在面对别人的要求，尤其是权威人士的要求时，主要是以曾经孩子的角度来感受和思考的；虽然也夹杂着一些成人的想法，也试图拒绝，但主体还是高中时代的自己。

很多人的恐惧、孤独和无助，是因为曾经有过类似的经历。也就是心理学上说的创伤。

如果你有一个困扰反复出现，已经影响到你的正常生活，那么很可能是源于创伤。创伤未必是天灾人祸、生离死别的大事件，它也可能就是一件普通的小事情，一个眼神、一句评论、一次误解等。

这件事情也许在你的大脑里已经想清楚了，又或者你甚至自己都不记得是什么事了，但当时的感受却依然储存在身体里，当时恐惧无助的自己，依然被"卡"在过去，没有长大。所以，当你再次面对类似的感受时，储存在你体内的曾经的恐惧和无助就会立刻被唤醒。

但事实上，我们已经长大了，不是曾经的自己。我们内心，都有一个成熟、智慧、淡定、平静、有勇气、有自信的自己。如果我们从这个角度来思考，情况就会大为不同，就像我们在娜娜的案例中看到的那样。

那么面对以上问题，怎么解决呢？

三、不害怕拒绝和被拒绝的终极解决方案

了解根源：从源头找到问题所在，放下当时的恐惧

在前面的案例中，娜娜提到，自己以前也尝试了很多办法，比如温柔坚决地表达和心里演练等，但是都没有成功。她也了解原生家庭创伤之类的信息，但是没有办法帮助自己。这是为什么呢？

娜娜在高中三年，非常努力地学习，三年时间没有业余生活，全部时间和精力都用在了学习上。因为她有一位优秀的哥哥，她按照父母和老师的意愿，重走哥哥的路；但这条路并不是她喜欢和擅长的，所以她举步维艰，事倍功半，感到非常无助和无力。

于是，在娜娜的潜意识里就逐渐形成了一种行为模式：凡事都答应。

这在当时是有帮助的（比如得到了父母和老师的认可），但后来就成为一个障碍，甚至影响了娜娜 20 年。

高中时代的恐惧和无助，就像娜娜内心世界被锁住的一部分。

能够看到这部分很重要，因为人的很重要的需求之一就是被看到。娜娜后来看到自己这一部分曾经的不容易，真的理解了她，而且为她感到心疼，给她关怀和支持，最终化解了这部分。

我想对朋友们说，如果你跟娜娜的情况类似，你可以尝试用前面提到的方法去了解和梳理自己。如果你觉得难受程度超过自己能把控的范围，那就停下来，这说明你需要寻求专业机构的帮助进行进一步的学习和梳理。

用"成熟的自己"应对

我们每个人的内心，都由很多部分组成。他们在我们成长的过程中，经历了各种事件，承载了各种情绪和记忆。他们也一直用不同的方式保护着我们。

有的部分，承载了曾经受伤的记忆，比如恐惧、被否定、孤单、羞愧，我们不喜欢这些感受，不喜欢这些部分，总是试图把它们锁起来，或者消灭掉。这是我们逃避或对抗的部分。当我们逃不了，无法对抗的时候，就会陷入无助、无力状态，就像娜娜高中时候的经历一样。

另外一部分则是我们逐渐摸索出来用来管理我们日常生活和行为的部分，是我们用来逃避受伤部分的工具和方法，比如讨好、努力、自我批评、冷漠、控制、怀疑等。

无论是对抗的部分，还是管理的部分，都是我们内在的一部分，都是为了保护我们而存在，它们只是工作的方式不同而已。不可否认，它们也会带来很多副作用；如果生活让这些部分占主导，我们就容易陷入各种情绪和旋涡中。

但是你也不用担心，因为除了这些部分，**我们还有一部分，叫作"成熟的自己"或者叫"真正的自己"，那是我们原来的样子，是真正的、原原本本的自己。**

这个部分的自己拥有以下特质：平静、清晰、淡定、智慧、有自信、有勇气、有创造力、内心充满爱。这些特质才是我们化解各种情绪和困境的核心资源。

海蓝：现在你再回到老板分配工作的场景，她又给你布置任务，你会对她说什么？

娜娜：把现在的工作每项是怎样的，一一列出来讲给她听；所需要耗费的时间和精力有多少，也会给她讲。工作当中我空闲比较多的情况下，我会接受这个任务，但是我现在时间和精力真的非常有限，无法接受这项工作，请领导安排给其他的人。如果在我的工作完成了之后，能够做一些辅助性的工作，我是可以的。

海蓝：你告诉老板以后，你估计她会有什么反应？

娜娜：她会理解我现在的工作情况，会同意我的说法，把这项工作安排给其他的人。

海蓝：然后你呢？

娜娜：我也表达了自己的想法，挺平静的，没有自责，也没有觉得好像我这样说哪里错了。

海蓝：眼睛可以慢慢地睁开了。那你现在的感受是啥？

娜娜：说出自己的想法后，我觉得我也挺能理解老板的难处。她不是强加给我的，可能当时真的是因为没有更合适的人能够做这项工作。其实我的一些担忧好像都是不必要的，自己给自己找了一些自责的理由。

海蓝：再碰到领导来问你这些问题的话，你会怎么样？

娜娜：我首先要为自己考虑。我可以比较坚决并且柔声细语地跟领导说出我的想法，而不是自己都不坚定、犹豫不决地表达自己的意见。

海蓝：如果是这样的话，以后同事找你干活的时候，你会怎么样？

娜娜：的确是我没有时间的话，我不可能接受的，因为这样的话自己的工作没做好，自己也很难受。

海蓝：你确定可以处理这个问题？

娜娜：确定，应该可以。

海蓝：如果你站在同事的角度，你希望你怎么做？

娜娜：能做就做，不能做就提前跟我讲。别答应以后又抱怨我，还觉得我欺负人，对吧？

海蓝：这样的情况下，你给他们送去的一定是负能量。

娜娜：就是不管从表情还是言行，他都会散发出这种感觉给我。

海蓝：而你希望的好印象，还会有吗？

娜娜：没有了。

海蓝：本以为答应了以后，人家就会舒服，其实答应以后会舒服吗？

娜娜：不舒服。

海蓝：谁不舒服？

娜娜：我和他都不舒服吧。一个是我看到工作一直没完成，就很焦急；然后还会想别人是不是觉得我好欺负，所以才找我。这对双方应该说都没有得到好处吧！

海蓝：那你这么干了 20 年？

娜娜：哈哈哈，所以多冤枉啊！

就像梳理过程中的娜娜，当她剥离了恐惧，放下了怀疑的时候，成熟的娜娜就出现了。她最后想到了解决方法，头脑清晰、条理清楚、平静淡定，有方法、有智慧、有信心，也非常有创造力。如果她能以这个状态面对自己的生活工作，你觉得她会怎么样？如果你的生活由这样的自己主导，那又会是什么样子？

怎么解决被人提要求的问题——全面负责

具体怎么解决被人提要求的问题，娜娜其实给我们做了很好的范例。主要有这三个步骤：

第一步，你真正的想法和需求是什么？

第二步，你能做什么？不能做什么？

第三步，客观、清晰、淡定、平静、不带情绪地表达自己的立场，以及积极配合的愿望，并表达这样做对自己和对别人的意义是什么，这样做的理由是什么。

这样，我们就能以对自己负责、对别人负责、对工作（事情）负责的态度，全面解决问题。

海蓝：今天整个交流中，对你帮助最大的几点是什么？

娜娜：首先就是找到了害怕的根源所在——跟我高中时候的自己有很大的关系，那是我的一个创伤点；然后我觉得梳理了这段经历后，我就有了自己的力量，内心也特别平静，之前不敢说的话我也敢说出来了。回想那个画面的时候，我就会特别有勇气、有力量，而且特别坚定。

海蓝：和你以前在脑子里反复演练的一样吗？

娜娜：不一样。

海蓝：过去演练的时候也哆哆嗦嗦的，是吧？哈哈。

娜娜：而且过去演练的时候我还会想，这样说可不可以呀？还在徘徊，在犹豫，我这样说，他会有什么样的反应？然后又推翻自己，重新再说一次。就是这样。就是在打了一个腹稿后推翻再重新打一个，反复很多次，但是都没有坚定下来。

海蓝：打腹稿的时候就不坚定，所以跟老板说也不会坚定。那今天你坚定了很多。

娜娜：对，而且我觉得我在说话的时候，都没有徘徊或者犹豫，一气呵成的那种感觉。感觉力量一下涌出来了，让我能够一口气说出这些话。

海蓝：在这个过程中，还有什么帮到你？

娜娜：还有一点就是在处理问题上。可能在害怕的时候，那个没有能力去面对生活或保护自己的这个自己就浮现出来了，当我用长大了的自己（成熟的自己），以成人的视角和成人处理问题的方式去对待的话，就不一样了，内在的力量和自信、坚定，都能够从成人这个角色展现出来，是这样的。

海蓝：还有呢？

娜娜：对于工作的话，要把事情干好，做自己能够做的。如果答应了别人要做的事，就一定得做好；如果的确做不了，那就坚决地拒绝，这对双方都是有好处的。

海蓝：那么这三个方面，各占百分比是多少？你觉得对你帮助最大的是哪一点？

娜娜：找到根源是80%，然后成人的应该是15%，最后那个5%。我觉得第一点对我来说是最重要的。

海蓝：为什么那一点对你帮助最大？

娜娜：我觉得它像我一个力量的源泉，我觉得力量、自信、勇气都是从第一点得到的。当我看到了那一点，我觉得好像自己就比较清晰了。

当我们梳理了害怕拒绝的根源，就释放了被恐惧困住的能量，通常对害怕被拒绝也会有很大的帮助。

被拒绝不代表自己不好，也不一定会影响关系。适当地麻烦别人是在拉近距离，也是对他人价值的肯定，会让关系更好。做真实的自己，大家都会轻松；做利人利己的事，尊重对方，有边界，大家都喜欢和这样的人相处。

总　结
一切的核心都在于你自己的状态

本堂课，我和大家一起探讨了怕拒绝或怕被拒绝的问题。其实一切的核心都在于你自己的状态。

当你放下过去的困扰，回归成熟的心态，内心确定、淡定和坚定的时候，就会越来越少受到外界的搅扰。

真正做到不怕拒绝、被拒绝，今天只是一个开始。

大脑结构的改变，需要至少八周的践行。有的改变，则要一两年甚至更长时间的践行才能实现。祝大家在自我探索、持续践行中，不断靠近成熟、真正的自己。

延伸阅读
从不会拒绝的"好人"到助人成长的教练

李力

海蓝博士第 5 位静修生
海蓝幸福家全项教练
全球静观自我关怀中心正式老师
国家三级心理咨询师
中国心理卫生协会会员

简介：10 年国企技术工作，10 年文化公司管理工作并成为公司股东，2011 年因选择心理学而辞职跟随海蓝老师学习，历经 4 年基础学习、践行，2015 年通过考核成为幸福家全项教练，专注于幸福力推广和幸福课程的教学。

不会说"no"的人很常见，我作为海蓝幸福家的一名全项教练，帮助过很多同伴放下痛苦、不忧未来，但曾经也被"不会拒绝"困扰过。

过去很长一段时间，我担负着海蓝幸福园的日常管理工作。美丽的幸福园，既是同伴们聚会的场所和成长的乐园，也曾是我的"办公室"。

每次开课之前，我都会提前来到幸福园，做大量准备工作：采购物品、准备茶点、接待报到的伙伴……工作琐碎且繁重。

因为工作的特殊性，很多学员在上课期间都会找我帮忙，例如收发快递，去怀柔城里采购，保管失物……一般来说我都满口答应，从不拒绝。

甚至有几次，学员提出半夜两三点才能到幸福园，问我能不能开门时，我也会毫不犹豫地答应，并告诉他"一定会在门口为你留一盏灯"。

熬到半夜，其实我非常困，但大脑告诉我："他们来一次不容易，我不能拒绝他们。"

当看到大家的事情圆满解决时，我感到非常满足和欣慰。同伴也非常信赖地叫我"二哥"，我感觉他们就像家人一样亲切。

但是，每到晚上，我疲惫不堪地躺在床上时，经常回想起白天的这些事却感到内心孤独又寂寞。

作为一名教练，我发现：同一天同一件事，自己却有兴奋和孤独这两种截然不同的状态。我知道其中肯定有问题，肯定哪里有不对的。

我的初心是为了帮助别人，而大家的亲近与认可，让我也乐在其中，看上去我是受益者，但夜深人静时的孤独和寂寞又在提醒我什么。

难道"帮助别人"还有问题？

不拒绝，是因为渴望别人的认可

多年的学习，让我有了较强的觉察能力，能够及时看到自己的思维模式、行为模式，以及模式背后的真正动机。

当我认真向内探索后，我发现问题不是出在"助人"上，而在于"不拒绝"。

一方面，乐于助人是我的良好品质，同伴愿意找我帮忙，而在这个过程中，我与他们之间也建立了非常好的关系；

另一方面，我一直不会拒绝别人提出的各种要求，把为所有人服务作为我自己的本分。

我不断地问自己："为什么要不辞辛苦地满足几乎所有人的所有要求？为什么不愿意拒绝？作为提供帮助的人，我得到了什么？我的开心是因为助人还是因为被认可？"

最后，答案清晰地呈现出来：我的快乐和欣喜来源于得到他人的认可和赞扬，而我"不拒绝"则是因为害怕别人不高兴。

那为什么夜深人静的时候，我会感到疲惫、孤单和寂寞呢？

因为自己的助人没有了边界。被害怕驱动的行为，本身就是消耗，超出自己心力、体力去满足他人的需求，透支了自己的身心，当然会感到疲惫、孤单和寂寞。

发现自己"不会拒绝"，就说明我又有了一个需要成长的地方。

有时，拒绝才是对人最大的帮助

改变，也是从小事开始。

一次课程期间，有一位学员怯怯地对我说："二哥，能不能帮我找老师为我的这本书签名？"

我下意识地答应道："没问题，我一会儿就帮你去找老师。"

很快，我就觉察到自己又在没原则地满足对方的要求。于是我带着好奇问："你为什么不直接去找海蓝老师？老师从来不会拒绝找她签名的学生。"

他说："我有点害怕老师，怕老师不给我签名。"

我默默地看了他一会儿，知道这是他需要成长的地方，也是他需要面对的恐惧。

我说："我可以陪你去找老师，但是你需要自己去和老师说，相信老师一定会给你签名。"

最后，他如愿得到了老师的签名。

后来，他特别感谢我当时没替他去要签名，说："如果当时你替我找老师签名，以后我可能会一直回避老师，就是因为你没有答应我，反而让我突破了害怕老师的障碍。"

他拿着书高高兴兴地走了，我却站在那里一直在思考。

我拒绝了他的要求，他却得到了满足。他的满足不仅是因为得到了签名，还因为面对了自己的恐惧。我的拒绝带来了他的成长。

有时候，拒绝帮忙，反而帮了对方更大的忙。而他的成长，也给我带来了真正的开心与满足，不是"求认可"所带来的短暂快乐，而是发自内心的真正的幸福感，这才是利人利己。

做对的事，而不是做"求认可"的事

作为幸福力教练，"助人"是我的日常工作，但是"助人"也需要有原则。现在我的原则就是：做对的事，而不是做"求认可"的事。

前一段时间，有个学生找我想交流一下最近的成长状况，我同意了，于是我们在电话里聊了一个多小时。

在这次交流中，我发现他只是在表达自己现在有多好，然后就在等待我的鼓励和认可，并不是真的有什么问题需要解决，于是我拒绝了他之后又提出的交流请求。

因为，对于他的成长来说，我倾听并没有实质性的作用，只能让他当时爽，假如我答应了他，反而会助长他"求认可"的模式；而拒绝他，让他回到自己的内心，探索自己到底需要什么，这才是对他的成长真正有帮助的做法。

其实，每个人最需要的是内在的成长，需要提升自己内在生命的力量。

作为幸福家的教练，我最需要做的是：帮助他们看到自己的挑战区，引导他们突破成长的障碍，而不是满足大家待在舒适区的暂时需求。

一个人的所有需求都被满足，并不是好事，就像孩子喜欢吃糖，如果无节制满足他的这个需求，并不利于他的健康。

所以，引导大家跨越挑战区，体验到生命的成长，才是更深层次的助人和关怀。

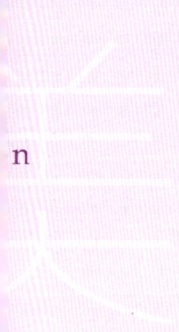

n

找到适合自己的爱人
——"5+3"标本兼治法

找不到对象，

是因为自己条件不够好，还是要求太高？

又或者是工作太忙，认识的人太少？

究竟如何才能找到适合自己的爱人呢？

一、是什么阻碍了我们找到真正适合的爱人

亲密关系是人一生中最重要,
也是给人带来困扰和痛苦最多的关系

亲密关系是人一生中最重要的一段关系,是给人带来困扰和痛苦最多的关系,也是给人带来幸福和满足最多的关系。而建立亲密关系的第一步就是,如何找到适合你的爱人。

一般人认为,没找到合适的对象无非是因为自己条件不够好,还要求太高;或者工作太忙、认识的人太少,没时间社交;还有的人认为是自己过于内向,不知道如何约会、讨对方欢心。

这些都是会对我们择偶造成影响的因素,但不是最深刻和最本质的原因。

很多所谓的"剩女",其实都非常优秀,不仅颜值高、性格好、工作好,而且身体健康,无不良嗜好。

那究竟是什么阻碍了她们找到真正适合的爱人呢?一般来说

有以下几种原因。

很多人迟迟没有找对象，
最深层的原因其实是原生家庭的影响

她们有些人只是因为到了适婚年龄而找对象，但内心对婚姻生活并没有憧憬和向往，甚至有很多害怕和逃避。因为在自己的爸爸妈妈身上，她们体会过的婚姻生活是不幸福、不安宁的。

这其实是一种创伤，它非常隐蔽，很容易被忽视，但造成的影响其实非常深远和强大。人们很容易找到各种理由，来解释自己为什么还没有找对象，但最核心的原因其实是自己对婚姻的恐惧，关键还是毫无觉察的内在恐惧。

还有的人，受父母择偶观念和意志的左右，甚至干涉，拿不定主意，结果不断错过。

不知道自己想找一个什么样的人

很多人对择偶标准只有个模糊的概念，比较虚，比较泛，听起来合情合理，但其实并不清晰、具体。

比如，曾经有个女孩说过，她的要求只有一条，就是有上进心。我问她什么叫上进心，她说，就是做自己喜欢的事，努力做，想提高。

我说，那假设对方是个保安，很喜欢自己的工作，也很努力，一年就升为保安小组长了，那行不行？她说："那不行，保安太辛苦了，三班倒，以后不能帮我照顾孩子。而且工资肯定不高，不能买房。"

我再问她，那你希望工作性质、工作地点和收入是什么样的，说具体一点儿。她说，离家比较近，朝九晚五正常工作，最好不加班，收入一个月至少六七千吧，在我们那里买房够了。

所以，她说的上进心，还隐含着这么多附加条件呢。

幻想与现实脱节

越来越多的电视剧和电影渲染了许多不切实际的爱情，白马王子和灰姑娘，霸道总裁和傻白甜……这些剧确实给女孩子们勾勒了一个美好的幻想，但也让她们脱离了现实。

如果照偶像剧主人公的标准找爱人，注定会失望而归的；拿自己的恋人或爱人和近乎完美的影视剧人物相比，也只会越看越生气、越来越不满。照这个标准去找，就大大增加了成为"剩女"的可能。

无法走出过去情感的创伤

还有一部分人，是因为经历过感情挫折，一直背负着悲伤、愧疚、愤怒甚至怨恨，无法开始新的恋情。

因为曾经的失去，影响现在的生活，从而无法开启新的关系。

性取向原因

还有人迟迟未婚，是因为自己的性取向与主流文化不同，如同性恋、双性恋、无性恋等。

据统计，同性恋一般占总人口数的 2%~5%，中国 13 亿人口，意味着同性恋人口约为 2600 万 ~6500 万；其中，有的人迫于压力"结婚"，有的则一直未婚。

这也是大龄未婚的一个可能原因。

二、对婚姻有深刻的恐惧，不敢走进婚姻

在亲密关系中容易受父母影响，把问题扩大化

分享人：萍霞

居住地：陕西

工作：通信行业

问题：不知道找什么样的伴侣，受爸爸妈妈影响，容易把问题扩大化，对婚姻有深刻的恐惧，不敢走进婚姻。

萍霞：我叫萍霞，来自陕西。这次来的目的，主要是觉得好像我对寻找另一半也没有什么太高的要求，但是遇到的人都不是自己特别想要的；或者相处一段时间后就觉得好像不是很适合，最后选择分开。

可能因为我爸爸妈妈的婚姻给我造成了恐惧，我对婚姻是挺恐

惧的。所以一旦我在谈恋爱阶段捕捉到某些不安全的信息，或感觉到以后会造成某一方面的问题，我就会把它放大；而且我自己也没有一个很好的解决办法，就是挺恐惧的。我想知道如何找到一个我特别想要的、理想的另一半。

下面是我引导萍霞梳理的场景。

海蓝：咱们今天谈点儿啥？

萍霞：如何寻找另一半。

海蓝：以前找过几个男朋友？

萍霞：我曾经有两次恋爱经历。第一次，我觉得好像到最后就处于冷战，我也不知道是为什么。第二次，是我觉得可能在处理大问题上面，他的一些处理方式，好像跟我想的有些不一样，然后就引发我后续的担心——担心如果真的结婚了，以后在处理问题的时候，会让人很难受。

海蓝：那你现在最担心的就是处了以后发现对方有缺点，而这个缺点会让你特别恐惧，让你想到以后你可能会处不下去。

萍霞：对，然后我就打退堂鼓。

海蓝：第二段感情还是这样？两个男朋友全一样？

萍霞：第一段是因为我爸爸妈妈不同意，可能自己当时也比较小，心里承受不住，最后就屈从了。

海蓝：你妈你爸不同意，反正你也没觉得关系怎么好，就结束了？

萍霞：对。

海蓝：说说你第二个男朋友吧，第二个男朋友比如说什么事你妈看不上?

萍霞:本来在今年的 7 月底,我就带着我男朋友和他妈回我家那边,去见我妈,其实是想定亲的。

海蓝:嗯。

萍霞:去我家那边一共三天,前两天他妈妈也不说彩礼、定亲的事情,然后我妈妈就有点儿生气,觉得你既然是为了这个事情来的,你都不主动提,一直也不吭声。最后快走了,男朋友的妈妈就说:这次来,这个正事什么时候说。

海蓝:他妈妈最后走的那天说的,对不对?

萍霞:对,最后走的那天也是到了晚上才说的。他妈妈主动说先买房吧,因为没有房。她说买房她出首付 10 万左右,又问还需要什么吗。然后说到彩礼,我们这边的风俗是 15 万,跟他妈妈说了之后,她就说这个有点离谱儿,他们那边的风俗是两三万。我妈妈说不可能那么低,还说我们这边就是这么一个行情,是均价。

海蓝:然后就吵起来了?就因为这件事弄得不欢而散,是吧?

萍霞:对。

海蓝:那对你妈妈来讲,如果不给钱意味着什么?

萍霞:最主要意味着以后人家可能不重视我,在以后的生活中可能没有那么尊重我。

海蓝:钱给得多就等于尊重你,给得少就等于不尊重,你妈妈是这样想的?

萍霞:有这样的想法。

海蓝:你觉得呢?你觉得是这么回事吗?

萍霞：我觉得有30%会这样吧。

海蓝：挺准确的，30%从哪来的？

萍霞：我觉得可能愿意付出的话，就会比较重视吧。

海蓝：那你男朋友家里经济条件是啥样子呢？

萍霞：目前来说不是很好。

海蓝：不是很好是什么样一个状况？

萍霞：他的家庭情况是这样子的：他爸爸因为三年前生病去世了，家里也花了挺多钱的，现在没有什么积蓄；然后他的妈妈现在有她自己的退休金，和他的哥哥在深圳生活。在这边只有他一个人在上班，养活他自己。

海蓝：噢，那在这种情况下，他爸爸生病去世，他们家里没有什么经济来源，这就你男朋友一个人上班，他们家还出10万块钱给你们买房子，同时还答应就是给不了15万，给两三万还是可以的。从这些话里你听到了啥？

萍霞：他其实也挺不容易的。他刚买了车，也花了不少钱，感觉再让他拿出这么多钱作为彩礼的话，确实挺困难的。

海蓝：那你妈妈的期待，你觉得合理吗？

萍霞：这方面，有一些不太合理。

海蓝：那你妈妈到底什么地方合理，什么地方不合理？

萍霞：担心的某一部分比较合理；但是要这些东西的话，可能对于他们家的经济条件来说，有一些不太合理。

海蓝：那你把啥地方扩大了？

萍霞：我扩大的地方，是我妈妈的担心。我妈妈就觉得他们态度不是很主动，当时没有谈好的话，后期没有再沟通。

海蓝：你妈妈认为所有的事都应该人家主动？

萍霞：对，如果以后要是我嫁到那边的话，因为婆媳关系把我夹在中间，有些话、有些事情，作为儿媳妇就不太适合去说、去做，就需要男方主动说。要是从我这边说的话，好像不太合适。但如果以后他总不主动的话，我可能就会比较难过。

海蓝：你也觉得应该这样？

萍霞：是。

海蓝：听起来，你妈妈对你恋爱的影响非常深远，而你的观念跟你妈妈非常一致。所以你在按照你妈妈的标准去找朋友，去谈恋爱，去处理问题，去结婚。你妈自己过得怎么样？

萍霞：一地鸡毛。

海蓝：她跟你奶奶的关系处得好吗？

萍霞：不好。

海蓝：她为啥处不好呢？

萍霞：举一个很小的例子吧。我爷爷那年去世，我奶奶不敢自己住，所以我爸爸就经常去陪她。我觉得是因为这个打架的，因为平时基本就是吵一吵，不会打，但是那天半夜就直接动刀打起来了。

海蓝：好，你把眼睛闭上，再回到那个晚上，看到啥？

萍霞：看到我妈妈气冲冲地跑到厨房，把菜刀拿了过来。我当时跑过去，特别害怕，我就站在那里完全吓傻了。

海蓝：那你现在看到这个场景，你最难受的地方是哪里？

萍霞：有点儿伤心。

海蓝：为什么伤心呢？

萍霞：为什么会是这样子呢？

海蓝：你觉得应该是什么样子？

萍霞：应该和和睦睦的呀。

海蓝：你妈妈爸爸吵架，甚至拿刀打架，对你来讲意味着啥？

萍霞：我觉得意味着婚姻生活是不是都是这样子。

海蓝：你想过这样的日子吗？

萍霞：不想。

海蓝：但你也不知道该怎么办是不是？

萍霞：对。

海蓝：那你能够改变妈妈吗？

萍霞：改变不了。

海蓝：你不敢跟她交流？

萍霞：对。

海蓝：为什么说到这儿会难过呢？是不是所有的事情都不能跟你妈妈交流？

萍霞：对。

海蓝：一交流会怎么样？

萍霞：她会以十句理由来反驳你。她总是有理的。

海蓝：你要是不听会怎么样？

萍霞：如果不听她会特别焦虑，特别担心。

海蓝：然后她会怎么样？

萍霞：她会把焦虑反馈给我。

海蓝：然后会怎么样？

萍霞：我也特别焦虑，特别担心。

海蓝：能不能再回到一个场景中，你妈妈说必须听她的，能不能想到这样一件事？

萍霞：在选工作的时候，我在网上应聘，应聘到外地。我妈妈和爸爸都特别担心，说你一个人在外面，没人照顾，也没人给你做饭。以后要是你结了婚，吵个架什么的，在本地可以回娘家；你都回不了娘家，只能一个人在街上转一圈，又灰溜溜地回去。

海蓝：你说到这儿为啥哭呢？你妈妈给你描绘的前景是什么样的？

萍霞：特别的凄凉。

海蓝：你觉得你妈妈和爸爸说得都对吗？真的吵了架，自己就只能在街上溜达了，是不？

萍霞：嗯。

海蓝：现实中如果真吵架的话，你觉得除了在街上溜达外，你还可以干啥？

萍霞：可能会把自己关在房子里生闷气。

海蓝：想到不用一个人在街上溜达没人管，可以把房门一关，自己生闷气，你觉得这感觉怎么样？

萍霞：比那个好一些。

海蓝：还凄惨不？

萍霞：没那么凄惨。

海蓝：刚才嘴一撇，就像你已经在街上溜达了一样。那除了在街上溜达和关上门生闷气外，还有啥招儿？

萍霞：应该是跟他说我是怎么想的，然后可能再听一下他是怎么想的。

海蓝：那会怎么样？

萍霞：嗯，这个事情原来不是我想象的样子。

海蓝：那问题出在哪？

萍霞：就是对婚姻生活，或者之后的这些矛盾，我觉得太恐惧。

海蓝：所以恐惧的原因是什么？

萍霞：一个是爸爸妈妈现在的这种状态，还有他们给我描绘的那种场景，还有一个就是自己的无能为力吧。

海蓝：你妈妈对你的影响占多大比例？

萍霞：感觉有80%。

海蓝：和男朋友分开的一个原因，是因为彩礼的事情。

萍霞：表面上是彩礼，实际上就是对未来的恐惧吧。

海蓝：受婆婆的欺负？

萍霞：嗯。

海蓝：婆婆欺负你，老公也会跟着婆婆一块儿欺负你，是吧？

萍霞：嗯。

海蓝：他们娶个媳妇儿过去，就是准备欺负的，是吧？

萍霞：……（笑）

海蓝：你笑啥？

萍霞：这么说好像也不对。

海蓝：咱们先顺着这个逻辑。受欺负了以后，然后你会怎么样？

萍霞：就会经常吵架。

海蓝：然后呢？

萍霞：然后也可能离婚吧。

海蓝：彩礼没有达到 15 万，就等于婆婆加老公联合欺负你，然后成天打架，最后离婚。

萍霞：嗯。

海蓝：所以你一想，那会儿离婚还不如现在就分手，你觉得你这个思路咋样？

萍霞：跨越得有点儿太长了。

海蓝：这彩礼要够，你就一定会过得好吗？

萍霞：不一定。

海蓝：过得好不好取决于什么？

萍霞：取决于以后我们俩的相处，还有我和婆婆的相处。

海蓝：当你感到在婚姻当中，有百分之七八十和彩礼多少没有关系的时候，你现在的感受是啥？

萍霞：就是路得自己走。他们的做法和想法呈现出来的就是他们现在的生活和样子。

海蓝：嗯。

萍霞：如果按照他们的样子走的话，我觉得应该还是会重复他们的老路。

海蓝：还有呢？

萍霞：最重要的还是要看自己，自己如何面对和处理婚后的一些生活。

从上面的案例中，我们看到，萍霞的卡点在什么地方？她的核心问题又是什么？

很多大龄青年迟迟没有走进婚姻，最主要的原因是没有看到过令他们向往的婚姻。

通常他们父母的关系不好，经常吵架，他们的童年在鸡飞狗跳、心惊胆战中度过，内心对婚姻生活一点儿都不向往，还有很多不确定和恐惧。

但迫于社会和文化的压力，他们需要一个家。在择偶时，最大的问题其实是内心的怀疑和担心。

萍霞经过自我探索，对于自己希望找什么样的对象是清楚的。

但是，她对婚姻有深深的恐惧和不确定。关于彩礼的分歧，其实并不是根源问题，而是在她心里有这样一个推理：

> 彩礼没有达到预期＝自己不受重视＝未来生活被欺负＝经常吵＝生病＋离婚

这个等式一旦写出来，你可能马上发现这些事件没有必然联系。但因为原生家庭的经历，在恐惧驱动下，这是她真切的感受。

所以她说，与其之后离婚，不如现在分手。

理想与现实脱节，放大了物质对婚姻幸福的影响

海蓝：那你现在清晰了吗？

萍霞：还是有一些担心吧。

海蓝：担心啥？

萍霞：比如说一些开销，购置一些家电家具、装修，或者是生育孩子，还有教育这方面，我觉得，会有一些担心。

海蓝：你需要啥家电家具？我听听。

萍霞：要有沙发。

海蓝：你俩现在，就目前情况来看，能不能买得起沙发呀？

萍霞：想要自己看得特别满意的那种，可能还买不起。

海蓝：你满意的那得花多少钱？

萍霞：一万左右吧，那种大点儿的。

海蓝：那么大沙发得有大房子吧？听起来想要的东西挺多。

萍霞：嗯，好像是。

海蓝：沙发能决定你幸福吗？

萍霞：决定不了。

海蓝：啥决定你幸福呀？

萍霞：我们之间的关系。

海蓝：首先我问你想买啥，你就想买个大沙发。而且你会为了将来不能买沙发，跟你男朋友分手？

萍霞：不会。

海蓝：已经分手了，和买沙发有关系？

萍霞：有10%的关系。

海蓝：哇，一个沙发占你俩分手原因的10%，你自己听了以后感觉咋样？

萍霞：有没有那个大沙发都可以。

海蓝：你今年多大啊？

萍霞：26岁。

海蓝：26岁。你知道我今年多大吗？我56岁，比你大30岁。我的沙发还不到一万，你要一万的沙发，你听到啥了？

萍霞：我的要求还是挺高的。

海蓝：你这不是要求高，这叫啥？

萍霞：对于目前现状来说，有点儿不合理。

海蓝：对，你很多的烦恼和啥有关？

萍霞：就是这些不太合理的，和目前情况不太匹配的一些要求吧。

海蓝：挺聪明。

在萍霞的案例中，导致她与男友不和的直接原因是在彩礼上的分歧。我们也看到了，男方当时的家庭条件无法满足女方当地对彩礼的预期。同时，萍霞自己也提到，对以后的经济有担忧，她希望有大沙发、大房子……

我想说，物质不是不重要，物质很重要，那是生活的基础；钱不是万能的，但没有钱是万万不能的。关键在于，物质要求的那个度在哪里？

我认为是自食其力，而不是靠人给、靠人养。26岁的年轻人，都有工作，可以养活自己，衣食住行没有问题，那就可以了。

就像我们在第六堂课讲过的，物质焦虑的核心是不安全感，

第九堂课
找到适合自己的爱人——"5+3"标本兼治法

不是物质的多少。当你意识到这一点后，你就会明白，今后想过什么样的生活，是要两个人一起去创建的。

我也想借此机会，和各位父母说一句：父母都非常爱孩子，特别希望孩子能过好，不要走自己走过的弯路，于是根据自己的人生经验，收集了各种可能过不好的迹象，告诉孩子要提前预防、避免。

事实上，想避免的往往一再重复。就像要彩礼，本想给孩子的生活一个保障，但要来的其实是个"炸弹"，成为孩子未来幸福婚姻的阻碍，就本文的案例而言，都成了进入婚姻的障碍。

纵然出发点是爱，但这种自以为是的爱其实是一种深深的伤害。

初心是爱，但却带来了伤害。这种伤害比直接的伤害还可怕，因为前者无法抵御、防备、自卫和反击，而后者，你可以名正言顺地抵抗、反击、自卫。

忽略了关系的经营，而把主要精力放在"找"上

海蓝：好，那我们再回到妈妈那儿去。你估计你妈对你的影响以后还会继续吗？

萍霞：目前来看，可能最关键的时候，最大的影响，还是我妈妈。

海蓝：那你准备以后怎么办？

萍霞：我会跟她说，即使你一定要让他把彩礼拿出来的话，他去借或者是怎么样，最后还是要我们一起还的，借了钱不可能不还

嘛。而且很可能会因为这个事情，把我俩的关系弄得不好吧。以后可能一提到这件事情，都会感觉很不愉快吧。

海蓝：这么做，听起来就是在你婚姻开始的时候，埋了一个不定时炸弹，是一个非常不好的开始，是不是？

萍霞：嗯。

海蓝：还有呢，还会对妈妈说啥？

萍霞：就是现在，我俩的收入完全够我们用了，不愁吃不愁穿的，以后的日子会越来越好的。

海蓝：那你妈妈会咋说？

萍霞：嫁过去我会没有地位吧。出这么少的彩礼你就愿意嫁过去，肯定会没有地位。

海蓝：嗯，那你跟你妈妈会说啥？

萍霞：跟我妈妈会说，我和我男朋友相处的这一年，我觉得，其实他做什么事都是围着我转的。不管去哪里玩儿，或者需要干什么，都要征求我的意见，我地位其实挺高的。地位高不高其实不在于彩礼的多少。

海蓝：她会继续发飙不？

萍霞：那她可能就会说，以后苦日子反正都是你过，你自己看吧。

海蓝：那你会咋样？

萍霞：我觉得大部分都不会成为现实，她的很多担心都是自己吓自己。

海蓝：你确定吗？你可以这样对待你妈妈？

萍霞：现在可能还是有一点儿心虚吧。

海蓝：心虚在哪儿？

萍霞：我觉得自己的力量还是不够。

海蓝：怎么样才能够有足够的力量？

萍霞：当我真正地把我的生活过得特别滋润了，我就觉得特别确定，我确实有这个能力。

很多人和萍霞一样，把主要精力放在"找"对象上，以为找到一个条件合适的、自己喜欢的、父母满意的就好了。

但几十年的婚姻生活里，相遇、结婚都只是其中的一个步骤，真正的亲密关系是否幸福，取决于经营关系的本领。找来了谁，等来了谁，都不是幸福的保障。

我很高兴看到，萍霞梳理到最后，自己也意识到，婚姻幸福的关键是提高自己如何处理关系的能力，然后就会更有自信、更有力量去面对和处理婚姻生活中的矛盾和冲突。

三、实操练习：用"5+3"标本兼治法，爱就可能心想事成

找到适合自己的爱人是人生的重大命题。要解决这个问题，我们分别从战略和战术两个层面来探讨解决方案。

战略解决——从五个方面，探索自己还单身的深层原因

我们前面已经提到过，许多人大龄单身的深层原因是缺少内驱力。我们从战略上解决寻找伴侣的问题，首先要对自己的内驱力做一个检测。

选一个时间，你可以在一个安静、不被人打扰的地方，用静观的方法探索自己的内心。闭上眼睛，问问自己，是否有以下的因素影响自己：

（1）原生家庭的影响。

你对父母的婚姻是什么感受？对自己未来婚姻生活的向往是什么？你害怕吗，真的想拥有自己的婚姻生活吗？

（2）是否有过情感创伤？

你曾经有过情感经历吗？如今想起这段经历，你的感受是什么？平和、淡定、感恩，还是遗憾、悲伤、难以释怀，甚至心有怨恨？

（3）性取向。

你的单身，和自己发自内心的性取向有关系吗？

（4）你究竟需要一个什么样的人？

你认为适合自己的爱人需要具有哪些核心品质，对此你确定吗？是人云亦云，以家长意见为主，还是清晰知道自己的需求？

（5）要求是否合理？

你的要求是"想要"，还是真正的"需要"？想要是脖子以上的，是大脑的想法；需要是脖子以下的，是生存和生活的需求。

海蓝：梳理一下，在咱们的交流中，你收获了什么，什么地方对你有帮助？

萍霞：嗯，第一点的话，最开始我觉得我妈对我的影响不是很大，但是最后发现，她对我的影响特别的大。我分手两次，都是受到她的一些观点的影响，我才做的决定。第二点的话，就是有一些我的要求，对于我现在的能力来说，有些不合理。不管是彩礼，还是大房子、沙发这些要求，都是不合理的。

海蓝：嗯。

萍霞：然后第三点，还是要把自信啊，或者处理关系的这个信心、能力给提上去。这样的话，以后肯定会特别有自信，不管妈妈怎么说，以后会怎么样，就算过不好以后会吵架，我还是有力量去面对这件事情。

海蓝：那你今天来，想解决的困惑解决了没有？

萍霞：嗯，解决了。

海蓝：什么地方表明解决了？

萍霞：其实不是我不知道我要找什么样的人，标准自己心里面已经有了，只是在选择的时候，可能会受父母的影响，然后就导致自己好像也不知道该找一个什么样的人了。总想着要让妈妈满意，然后把自己的标准模糊了。

海蓝：啊，你主要是想让妈妈满意。

萍霞：对，多多少少有一些，这样子。

海蓝：你接下来准备跟你男朋友怎么相处啊？分手，准备重新找一个？

萍霞：再跟我男朋友处一段时间吧，尤其想看看他对于彩礼这方面真实的想法是什么；不是片面地听从我的想法，或者我妈妈的想法。我觉得还是可以选择再继续，因为创建一个关系比维护一个关系要难很多。

海蓝：而且你其实觉得他挺适合的。

萍霞：嗯。

海蓝：你觉得他主要啥地方适合？

萍霞：因为我在外地，他也能来陪伴我；我觉得很多事情他比较尊重我的意见。其实除了彩礼这些，我觉得其他，像出去玩儿，他还是很主动的，我觉得也挺有安全感的。

战术解决——"理想爱人画像"三步法

萍霞提到，她对什么样的人才是自己理想的爱人做过探索，也了解了自己需要的伴侣要有哪些特质。这一点其实也是很多年轻人困惑的地方。

许多人对于理想爱人的标准是比较模糊的，选择伴侣时总是找感觉，忽略了最重要的核心品质，好像这样也行、那样也行，或者这样不行、那样也不行。

有些人对心里的理想对象的条件能列出好几十条，要求十全十美。我的课堂上有一位学员列出了五十多条理想爱人的标准。但现实中有这样的人吗？我想，一般来说，可能性不大。

很多人希望有电影里那样轰轰烈烈的爱情，但生活的主体是柴米油盐，根本不需要对方具备那么多条件。很多想象中的标准其实都用不上，不过是自己心理需求的投射。

比如，自己有不安全感时，就会希望对方经济条件好一些；自己有强烈的依赖感，就会幻想对方能照顾自己，帮自己做很多事情；当自己还不成熟、很在意别人的评价时，可能就会希望找一个帅气高大的人……

今天，我跟大家介绍一个"理想爱人画像"法，通过三个步骤帮助大家探索自己的理想爱人画像，明确目标。

（1）理想爱人。

请你找一个安静的地方，伴随着轻柔的音乐把眼睛闭起来，让自己的心渐渐平静下来。然后想象一下你理想的爱人是什么样子。如果你有一个魔法棒，可以变出自己最理想的爱人，你希望变出一个怎样的爱人？穷尽所有你想要的条件，列一个清单。

你有什么可以与这个理想爱人匹配的条件和素质呢？也写下来！

（2）理想的一天。

想象一下，如果找到亲密爱人，你甜蜜幸福的一天是什么样子？越详细越好，有具体场景和画面，最好有细节。把刚刚想象的美满的一天发生的一切都写下来。

再闭上眼睛想一想：拥有这样的生活，什么样的爱人能和你共同创建？

（3）层层聚焦。

① 理想的一天中用到理想爱人和吸引你的人的哪些品质？你真正需要一个什么样的爱人？

② 从第一题理想爱人的选项中，选择 10 项，然后 10 选 5，最后 5 选 3，你会留下哪三项？为什么这三项对你如此重要？对每一项进行深思，这一项是否真的是你需要的？

③ 这三项需求，你可以自己给予自己吗？对方能够给予吗？你们是否可以共同创建满足需求？

总　结
亲密关系中真正的功夫在如何相处得久远

为了等这个人，好多人带着挑剔的眼光、评判的心，筛选着，以为只要找对人，找到了白马王子，一生的幸福就唾手可得。这是一个特大的误区。

找来了谁，等来了谁，遇到了谁，都只是爱的开始，能否持久却需要一生的用心和经营。

事实上，一生用心，找谁都可能幸福。爱不到位，嫁了王子也白费！

亲密关系中真正的功夫在如何相处得久远。

延伸阅读

幸福生活需要完美爱人来给予吗

曹译文
海蓝博士第 85 号静修生
海蓝幸福家多项教练
全球静观自我关怀中心正式老师
ACI 注册国际心理咨询师（CIPC）
简介：文学硕士，高校中文老师，执教 14 年，曾获全国首届
大学生 DV 大赛金奖，优秀教育工作者，2013 年 5 月参
加海蓝博士静修生学习，现为海蓝幸福家多项教练。

　　我们曾经在微博上做过一个调查：人的一生中，什么关系对自己幸福的影响最大？超过 50% 的人认为是与爱人的关系。

　　记得比尔·盖茨和巴菲特在总结自己一生的最大成就时，他们一致的回答都是：选对了爱人。

　　究竟怎样才能选对爱人？

　　有了爱人又该如何去爱才是对的爱？

幸福的生活需要完美爱人来给予吗？

我想分享一下我的故事。

我需要的是一个能彼此相依的人

在现实生活中，很多人也在期待自己的爱人是一个完美的灵魂伴侣，对爱人诸多挑剔和评判，或尝试改变和打造爱人，然而只会留下很多的失望，这条路我走过。

每个人心中可能都有一个完美的梦中情人，曾经的我也不例外。我把所有美好的幻想和期待都堆砌在这个虚幻的人身上。他最好像《芈月传》里的公子歇：俊朗、明亮、温暖、有才华、有力量，笑意弥漫，儿女情长，世间真有如此男儿，我定是那巧笑嫣然的月儿，"倚门回首，却把青梅嗅"。

如果不然，像秦王那样也很好：知我懂我，深情款款，追求卓越，志存高远。庙堂之上，江湖之远，我愿倾其一生，相依相伴。

再不然，义渠王那样的也不错啊：洒脱不羁，重情重义，草原上，骑着翩翩骏马，纵横驰骋，开疆拓土，还能够走进我灵魂深处，引起灵魂的颤抖。

然而，现实生活中我的爱人与这三种形象可以说相差甚远，但他却让我感受到了真真切切的爱与幸福。

我的爱人叫多多。为什么叫多多呢？因为自从我认识他以来，他的肉越来越多。贪吃贪睡，不求上进，不思进取！

海蓝老师曾经对我说，你找了一个暖男，要好好珍惜。我心想：暖男有什么稀罕，我想要的是 power man, superman。海蓝老师还说，你家多多是个大宝贝，极品男！成天笑，千金难买！以前老师这样说的时候，我不以为然，现在我真的越来越感觉，我家多多比大熊猫还珍贵。

我对多多的改观源于和他一起参加海蓝老师的亲密关系课程，通过"究竟想要一个什么样的爱人""彼此爱的密码""亲密关系等级"以及"如何化解矛盾"的学习和探索，我发现，枕边的他是那么珍贵和宝贝。望着熟睡的多多，呼吸均匀，我的心充满温暖和爱，一直以来，多多对我的爱如泉水一样源源不断，他看我的眼神是那么温暖和慈爱。

前些日子，我因为害怕不敢睡觉，多多放弃实验专程赶回来陪我，他说："即便我不在你身边，我夜里也会把电话放在枕边，只要你电话一响，我马上就接起来，这样你就不再害怕了。"听了这些话，我顿时觉得当夜星河灿烂，银河系里都是爱，孤单如潮水般退去，我的心荡起爱的涟漪。

这样的知心爱人疼都来不及，还舍得扔吗？！回望过去的所作所为，我真的有些后怕，幸好通过学习，一切都还来得及。

其实，我也不知道灵魂颤抖是啥样，但现在我知道，灵魂颤不颤抖并不重要，我需要的是这样一个能彼此相依的人。

完美是因为陌生和遥远，
真正的幸福是山山水水陪你一路走来

以前我一直对多多睡懒觉、看小说等习惯深恶痛绝。在我看来，看小说 = 不求上进 = 无所事事 = 玩物丧志 = 自毁前程 = 没有担当 = 不够爱我！所以，每当看到他看小说、睡大觉时，一长串的等式就会占据我整个大脑，让我失去理智；越是对他充满评判，我的心也越是备受煎熬。

后来，我试着不带评判而是带着好奇问多多，为什么他那么喜欢看小说。原来在他心里，科幻是一个非常美好的世界，《太空堡垒》《独立日》令他痴迷，也让他对星球、银河系、人类有了很多思考。他的很多天文知识都来源于科幻世界。

他曾多次邀请我和他一起看科幻片，我都拒绝了，他分享科幻小说给我，我也置之不理。原来，我从未走进多多的世界。

放下了评判的想法，我的内心也就平静了许多。这时再想想，多多不抽烟、不喝酒、不打牌，没有任何不良嗜好，唯一喜欢的就是看看科幻小说，我还怀恨在心。我才发现，其实，我对他真的很苛刻。

我曾经有一个模式：爱记仇。比如结婚前夜他惹哭我了，说好带我去埃及打了水漂，七夕忘了给我买礼物，哪天说了伤害我的话等等。经过海蓝老师的提醒，我心里的这个记事本不再记录负面的事情，而是记录我们爱的清单：

1. 我们一起在图书馆看书复习备考，我给你画了一个笑娃娃，你给我画了两只小乌龟。

2. 我们一起夜登华山，在西峰迎着阳光吃饼干。

3. 我们一起去南京总统府在里面合影留念。

4. 在西藏的新措，穿越湖泊、森林、牧场，仿佛天地间只剩下我们两个人，只见南迦巴瓦峰直耸云端。

5. 我们一起回西安，你带我回你曾经生活过的小寨吃烧鸡……
我们就这样携手相伴，一路走到今天。

今天的多多更加自信乐观，意气风发；今天的我更加沉稳笃定，更知道如何撒娇耍赖。时光于我们，总是不吝恩赐和馈赠；生活于我们，开始峰回路转。今天的我们更加懂得珍惜，更加偎依相伴。

走笔至此，突然翻开这样一个片段，请允许我和你们一起重温那段陌生的时光和早已安排好的流年。

没有过去的你，便无今天的我

天不怕，地不怕，每个月飞着上路

没有温情的你，哪有斗胆的我

不怕风，不怕雨，不怕生活无可奈何

没有宽厚的你，便无放肆的我

撒着娇，耍着赖，胡吃又海喝

没有肥硕的你，何来微胖的我

雄心壮志，山山水水各想要一个

海蓝老师曾经说过，完美是因为陌生和遥远，完美的男人是你不了解的男人。是啊，其实完美的男人只存在梦中和星星上。公子歇、秦王还有义渠王于我而言早已成为昨夜星辰，曾经的梦中情人与我渐行渐远。而如今，我和爱人山山水水一路走来，冷暖相依，共同迎来了我们的孩子。这就是我的最真切的幸福。

　　不知我的故事是否对你有所启发，不知追求完美的你，是否也可以像我一样改写时光，让每一个当下爱意弥漫。其实，幸福的生活真的不需要完美的爱人来给予。

n

失爱后的"柳暗花明法"
——如何放下前任

当失去一段亲密关系，

离开一个人，失去一段感情，

结束一段生活时，你会害怕吗？

如何从一段失败的感情中走出来，重新开始？

一、人为什么会失爱

什么是失爱呢？失恋、分手、离婚等，都属于失爱。失爱就是失去一段感情，离开一个人，或者结束一段生活，不管是主动，还是被动。首先我们来看看，人为什么会失爱？

他不再爱你

在爱的关系中，最令人心碎的莫过于，你依然爱着他，但他的心已经离你远去，比如被拒绝、被劈腿、被离婚等。

被动失去往往让人对自己产生巨大的否定，会有各种痛，各种恨，各种不自信，各种不接受，各种自责，各种想不通……

尤其是当你日思夜想，而期盼相依相恋、终身相伴的人告诉你：我并不爱你，我不再爱你，我已爱上了别人的时候，那种痛是肝肠欲断、痛彻心扉。

我想告诉大家，你失去的不是爱，你失去的是自己！

你会觉得归根结底都是自己不够好，才没有被接受、被选择、被珍惜，也会有很多人因此对未来失去信心，不再相信爱情。

大家在我的其他书里可能已经读到过，大学时代我单恋自己同班的一位男生。因为没有得到对方明确的回应，我抑郁了四年，觉得自己整个人生都没有了希望，甚至活着都没什么意思了。幸亏闺蜜们的陪伴，让我度过了这四年。

多年后回头望去，其实，不合适的人离开，才有可能让合适的人走进你的生命。

而我们往往执着地想留住曾经的拥有，或者虚构的未来。其实属于你的终归会属于你，不适合你的才会离去。

很多时候，有的人以各种方式离开我们，是上苍的眷顾，帮我们做出了自己彼时彼刻没有能力和智慧做出的决定。

性格不合

很多恋人或夫妻分道扬镳，经常把原因归结为没有找到对的人，认为分开的原因是性格不合。我见过许多对夫妻，婚前互相欣赏，婚后互相指责，而且欣赏和指责的其实是同一个性格特征。

比如，有这样一对夫妻：丈夫非常阳光乐观，心里没有什么事；妻子是家中的长女，从小就挑起家中重担，又能干又有担当。

当这个女孩碰上这个每天无忧无虑的男生时，有了久违的轻松和愉悦，男生仿佛让她看到生活还有另外一种样子。男生发现女孩特别懂事、能干、温柔、体贴，也被她吸引。

但婚后，妻子发现这个男人还是整天只知道自己高兴，家里的事根本不操心，她感到他一点儿都不负责任；丈夫发现妻子对他的要求越来越多，以前的温柔、体贴不见了踪影。于是两个人经常吵架，最终以性格不合的理由结束了这段婚姻。

其实，他们最初吸引彼此的，和后来不满彼此的，都是同一个品质特点。正所谓"成也萧何，败也萧何"。

我认为，在亲密关系中，很多所谓的性格不合，其实是不知道如何化解矛盾和冲突。听很多男性说，开始的时候觉得那个女孩像天仙，后来发现是个母夜叉。

人们总是抱怨矛盾给自己带来了多少困扰，却不知道，关系近了才有机会发生矛盾。

矛盾是关系变近的征象：所有的关系都会有矛盾，没有矛盾的关系不可能是亲密、健康的关系。

然而，太多的矛盾使人无法忍受，所以想逃离。有的人很容易开始一段关系，却很难维持，就是因为不知道如何处理双方关系中的矛盾和冲突。所以，问题的关键是如何化解矛盾。

很多人总以为关键是找对人，其实，无论你找来了谁，等来了谁，若是不知道如何化解关系中的矛盾和冲突，一切都白费。

家庭及环境的阻碍

还有时候，两个人情投意合，但由于父母不赞成、要优先发展事业、不在一个城市，或是住房、彩礼、户口等问题的压力，最终没有走到一起。

这些问题都是非常重要的影响因素，但并不是根本原因。最核心的因素还是在于，你认为这段关系有多重要？为了这段关系，你愿意付出什么样的代价？

不是所有的关系都能在十全十美或是两全其美的环境下进行。所谓时机的问题，最主要的还是你如何选择。外在原因只是催化剂、加速剂，内因才是其根本所在。

我想特别提到一点：绝大多数父母反对的原因，就是怕你未来和这个人在一起不幸福。

你需要做的是：小心求证父母的担忧，大胆坚决地做自己的决定。

你的幸福才是父母真正关心的，你把日子过好了，一切就自然而然地化解了。你最终也会长久地和伴侣生活在一起。

二、很难忘记前任，失去后不知如何再开始

失爱发生后，人们一般都会经历几个不同阶段。最开始通常是惊讶、悲伤、愤怒。接着，有的会发展成怨恨、抑郁；有的伴随更长期的自我价值贬低和无力感，认为都是自己不够好；有的心灰意冷，根本不想再开始新的感情；还有的有心无力，想开始但又总是开始不了……

对于失爱的人来说，好像失去的不仅仅是爱，而是爱的能力、爱的信心和爱的勇气。

那么，遭遇失爱怎么办？下面我们一起来看看 Lily 的故事。

分享人：Lily

居住地：北京

工作：职员

问题：曾经有段感情没有好好把握，很难忘记前任，失去后不知如何再开始。

Lily：我叫 Lily，也没有特定的目的，就是想着和前男友这段关系，怎么样才能放下。随着时间的流逝，还是放下了一点儿。想借着这个机会，来梳理一下。

之前就特别喜欢这个人，但是因为各种原因分手了。其实过去的时间也挺长了，后来又碰到一些比较不错的男孩子，但就是一直不能再进入下一段关系，好像会一直卡在这儿。因为年龄渐长，父母、自己也会着急，想结婚。可能我没有碰到一个特别喜欢的人吧。我本身是一个对自己期待还比较高的人，想将一将这种关系，看一看这是怎么回事。真的要好好地去看一看这个事儿。

下面是我引导 Lily 梳理的场景。

海蓝：我想问一问，你现在大概是一个什么情况？你希望我俩之间的交流能够解决一个什么问题？

Lily：（和前任）分手一年了。大概这一年都在相亲什么的，然后也会碰到一些男孩子，觉得人家对我挺好，但是好像总卡在那儿。我希望把这个问题好好梳理一下。

海蓝：你以前有过一段恋情？

Lily：对。

海蓝：后来分手了？

Lily：对。

海蓝：生活和工作好像没受到太大的影响，也在继续相亲？

Lily：我心里面其实还是有点儿抵触的，我相亲只是因为，比如家里人给我安排的。而且我也觉得，我想结婚了，到了这个年纪了。

海蓝：其实从内心深处就觉得这个事儿该做了，但是从情感角度来讲，根本没有在一种寻找一段感情的状态，是不是？

Lily：也可能是没有碰到比较合适的人。我觉得两个因素都有。

海蓝：那咱们说说你的前男友吧，他怎么个好法？

Lily：体贴。

海蓝：比如说怎么体贴？

Lily：我们家邻居是他们家亲戚，比如我在邻居家吃饭，他都会先把我送回家，然后再开车跟他爸妈回去。

海蓝：先把你送回家，你觉得这是体贴。

Lily：至少我看到的是，他已经非常努力地去做很多事了。

海蓝：可是我听到的时候其实有点儿诧异，我认为这是所有男孩儿想都不用想的，自然去做的事情。

Lily：反正我就是觉得他好。

海蓝：吃个饭，吃完天黑把你送回家，我觉得这应该是正常行为，他不做反而是不合适的。

Lily：他有时候晚上加班，我们家到他们家15分钟车程。比如说，七八点钟他没吃饭，就会直接来我们家，来陪陪我，然后我给他弄点儿吃的，他吃完才走。我觉得他真的非常努力。

海蓝：怎么个努力法啊？他在努力干啥呀？

Lily：就很辛苦啊，你没觉得吗？

海蓝：谈恋爱一般就像打了鸡血的状态。别说15分钟了，许多人谈恋爱的时候，都是从这个城市飞到那个城市，第二天再飞回来的，你知道吗？

Lily：他非常坚持。

海蓝：你把这些理解为是为你做的，对不对？

Lily：对，当然他肯定也是为了自己开心。

海蓝：人家那做的是自己开心的事儿。

Lily：嗯，是。

海蓝：还有呢？

Lily：反正看着他我就特别开心。就比如说他在那儿开车，我看着这个人就开心。

海蓝：就看他挺顺眼。看他啥地方舒服？

Lily：长得好，特别的好。

海蓝：长得比较帅？

Lily：也不是帅，我其实喜欢的是那种特别体贴的，就是看着这人特别老实，也很努力上进。我后来发现，我跟他的关系中，其实会有一种控制的感觉，我说啥他都会听。

海蓝：因为你觉得能控制他，所以觉得他好。那为啥会分手？他不是都听你的吗？

Lily：他都听他爸妈的。

海蓝：所以他也不是都听你的。

Lily：他在我这儿是听我的。

海蓝：那最后听谁的？

Lily：听他爸的，我后来才发现的。

海蓝：那你感悟到了啥？

Lily：我觉得我可能得好好想一想，我到底要找什么样的人吧。

三、失爱之人的三大误区

结合 Lily 的案例，我们可以看到失爱之人的误区或者卡点。

误区一：过于理想化对方

海蓝：对于这个前男友，你最怀念的是什么？

Lily：（沉默一会儿）这个人特别体贴。

海蓝：关于体贴我就听到两件事，一个是吃完饭送你回家，还有一个是下班到你那儿待一会儿。

Lily：我最怀念的其实是我们一起经历过很多事儿，我放不下的是他陪我走过了一段比较艰难的时光。

海蓝：在这些时刻，他让你最感动的是啥？最好能具象在一件事，一个画面上。

Lily：（沉默）我想想，我想不出来……就是感觉在自己特别低潮的时候，有个人在一起，那个时间就变得特别的珍贵。我需要有个人陪。我现在也是这样，我选男朋友，不需要他多有钱，他能够陪着我，在一起是最重要的。

恋爱刚开始时，人们一般都容易美化自己的伴侣，只看得见优点，看不见缺点。所谓情人眼里出西施，就是这个道理。这也是符合关系发展的规律的。

不过，有的人会把自己的需求投射到对方身上，当对方满足了自己长期期待的某个需求时，就会把对方的好无限放大，认为对方可以满足自己所有的需求。

比如，当 Lily 的男朋友晚饭后送她回家，或者下班过来和她见面，一般人会认为这是热恋中的人都可以做到的事，但是她就认为特别体贴、特别温暖。

过于理想化对方，一方面脱离现实把对方想得太好；一方面在对方有一丝一毫做得没有希望的那么好的时候，又会抱怨、指责。

误区二：没有看到关系是动态的

海蓝：那我想问最后为什么分手？

Lily：可能是双方家庭的一些原因。他的爸爸相对比较强势，他都听他爸的。

海蓝：具体发生了什么事？

Lily：导火索是选结婚的日子，大概是去年（2017 年）9 月中旬吧。

海蓝：差不多是一年前。

Lily：反正我俩在一起一年多了，双方父母同意我们结婚，然后就选日子，选了11月2号或者3号。因为他说今年他不能结婚。

海蓝：不能结婚？

Lily：对，是算命的算出来的，我当时就觉得，这么短的时间！后来真正告诉我的时候，已经只有一个多月的时间，都快10月1号了。这么短时间就太不尊重这个事儿了。我准备不了，反正特别不高兴。然后我们全家人都劝我，说短就短点儿，克服一下。我坚决不同意，我说要不先把结婚证领了，结婚这么大的事，能不能稍微缓两天，对吧？弄到12月份也行啊。他也没有告诉我这事儿没的商量。这中间大概有一个月的时间，我是到10月底才分的手。

海蓝：他就决定跟你分手了？

Lily：他也没说什么，就说肯定要跟我在一起。可是第二天他就撑不下去了，他在我这儿……

海蓝：他第二天干了啥？

Lily：他约我出去，然后跟我说他爸不同意。

海蓝：然后呢？

Lily：我说要不就推到后年。然后我就跟我爸说，我爸不高兴了。俩人都在一起这么长时间了，要不先定下来，先订个婚啊什么的。他爸妈就说不行，就是订婚咱也不订，反正那时候已经开始生气了，就说哪有女方选日子的事儿，就没有这样的事儿。人家那个自尊心已经受到很大的伤害了，这事就摆那儿了。

然后我爸就不高兴了。那怎么办呢？后来我前男友自己跟我说，他说他就有一个工资卡和一个车证，这事他爸妈不知道，说要不都押我这儿。他给我打了一个电话，说当天晚上来见我爸，就把那些东西押我这儿，让我爸也开心点儿。当时我那个感动啊！我在想，这个人还是蛮坚持的，他爸妈这么不同意，他还是坚持要跟我在一起。我把这事告诉我爸，我说您做下准备，他晚上来我们家吃饭。我爸马上给他打了电话，说你这样做是不行的，我这儿拿五万块钱给你，你自己再去凑四万块钱过来。意思是先把彩礼拿一部分过来，咱先定下来。我还埋怨我爸两句。到了大概十点的样子他来了，他特意把那个证拿来了。他说他跟我爸聊了一会儿，问我是不是埋怨我爸了，当时我还特羞愧。但后来证也没押成，他说我爸不要，他就拿走了。然后人就走了，我就噎那儿了。

海蓝：后来怎么了？

Lily：有一次，在打电话的时候，我就批评他、埋怨他。我说，你就弄点儿彩礼过来，然后押这儿，让我爸开心点儿，不然我这儿没法弄，你爸妈那儿我去安抚。结果他不吱声，好像被他爸听到了，他爸就跟我通了个电话，通完那个电话之后，我就绝望了。他爸跟我说了好多我不知道的事，说他这儿子现在不听话了，以前可听话了，现在都听我的了，就这个意思。第二个就是说，他为我们做了这么多事，我们也不领情。我跟他说的话，他也听不进。后来就彻底闹僵了。

在 Lily 的讲述中，反复提到前男友曾经跟她多次确认要和她在一起，但是最终，在多重压力下，还是选择了分手。

很多伴侣，都会在亲密关系遭遇挫折的时候想到或者提到，当初不是说好要如何如何的吗？每个人都需要安全感，都希望有一个承诺和保证，然后就一直幸福地生活下去。

但实际上，关系是动态的。每个互动，都可以让关系更近或者更远，关系中没有过去，没有未来，只有现在。

所以，不要把自己的幸福寄托在一个承诺或者一句话上。更不要以当初的承诺绑架对方，因为你也许已经不是他当初看到的你。我们能做的就是尽全力在每个当下去爱对方，用心去经营每个时刻。

最能落实的承诺和保证，是我们自己对爱孜孜不倦的追求和创建。如果你自己做不到，就无法要求他人。

误区三：真正地爱自己才能爱别人

在梳理之后的交流中，我们知道，Lily 成长在一个非常严厉的家庭，妈妈对她有很多要求和评判，她的内心非常缺爱。

当她发现自己一直渴望的温暖、认可和安全感好像在前男友身上都能获得时，就一厢情愿地把他当成了自己心中理想的伴侣。

当她按照理想伴侣的要求去衡量男友时，又发现有时候他其实没做到，于是又会有情绪，会埋怨、指责和不满。

当男方顶着各种压力，想各种办法努力的时候，他没有得到足够的理解和支持，最终不堪重负，两个人渐行渐远，直至关系破裂。

这些分析，并不是说这是谁的错。不管是 Lily 还是她的前男友，以及他们的父亲母亲，都没有错。他们都抱着最大的善意，用自己最好的资源，把最宝贵的人生经验给了自己的孩子。

但是我们都没有学习过如何爱，如何经营关系，更没有学习过如何自己给予自己所需要的爱，而是期望别人来满足自己的需求。所以在各种需求的错位中，错过了彼此。

如果需要爱、需要安全感的核心需求得不到满足，这种需求还会继续在下一段关系中重复出现，变成关系中的矛盾和冲突。

本质上，我们都要学会爱自己，才能更好地爱他人。

所以我告诉 Lily，要继续梳理和成长自己，学习和练习自我关怀，做内心自给自足的人。同时学习经营关系，学习在关系中创建和贡献，而不是只要求和索取。

海蓝：我想请你先把眼睛闭起来，然后把前男友带到你眼前，你看能不能看见他。你盯着看，一直看，你看到了什么？告诉我。

Lily：我只看到了他的愤怒。

海蓝：主要的分手原因是什么？

Lily：第一个是我的强势。

海蓝：你的强势。

Lily：第二个是他的懦弱。第三个是我俩的沟通方式。

海蓝：看着他的脸，你的感受是啥？

Lily：我觉得他一会儿愤怒，一会儿很伤心；我有点儿害怕，有点儿心疼，很想去安慰他。有点后悔当初那么对他，是当时自己没有那个能力对他好。

海蓝：你再看自己最放不下的是啥？

Lily：非常体贴和被呵护的感觉吧，这是我在妈妈那儿从来没有得到过的东西。我觉得他那儿都有。

海蓝：盯着他的脸，一直盯着他的脸看，你看到了啥？

Lily：他很狰狞，很愤怒，给了我这么多，我还不满意。

海蓝：你盯着这个狰狞的脸有什么感受？

Lily：我觉得害怕。

海蓝：你想对这个狰狞的脸说啥？

Lily：我觉得特别对不起你，当时我并没有能力去理解你，也没有在你承受压力的时候，默默地陪在你身边。但我其实真的非常爱你，所以我也希望你幸福。

海蓝：还想对他说啥？

Lily：我会好好地去看自己这些模式，然后让自己之后对身边的人，尽量多一些理解和支持。最重要的，我现在还是要把自己成长好，是我的自以为是把你耗尽了，把我俩这么美好的感情也耗尽了。

海蓝：你失恋的悲伤一直没处理过，是不是？接着看男朋友，看见啥了？还是闭上眼睛看。

Lily：看到他也在哭。

海蓝：盯着他哭的脸，他会对你说啥？

Lily：对我说，祝我幸福，他没有能力给我。

海蓝：如果你在男朋友的位置，看到 Lily 这样，你想对 Lily 说啥？以男朋友的口吻说。

Lily：你其实也挺好的，只不过我俩可能真的不合适。其实你还是有很多优点，好好地去过你的小日子吧，我相信你能找到一个比我更好的人。

海蓝：好好吸气，然后呼气，把郁积在心里的感觉全呼出来。听了他说这番话以后，你现在的感受是啥？你看他现在是什么样子？

Lily：有点儿释然，心疼也是有的。

海蓝：你想怎么样对待他。

Lily：我想抱抱他，但是理智层面告诉我不行。

海蓝：你想不想跟他说再见。

Lily：想。

海蓝：那能不能对他说声再见？

Lily：再见，好好过你的日子。

海蓝：然后吸气呼气，现在看到了啥？

Lily：我不想走，但是知道没有办法。

海蓝：他已经走远了，是不是？那吸气呼气，把这种悲伤呼出去。现在还能看见他吗？

Lily：能看到他走远了。

海蓝：越走越远是不是？

Lily：对。

海蓝：你的心情怎么样？

Lily：释然一点儿。

海蓝：我觉得我们的生命像一趟列车，会有很多人上上下下，陪我们走过漫长的旅程，就像你的妈妈陪你走了一段，你男朋友陪你走了一段。但就男朋友来讲，他陪你的这段时间主要给你带来的成长是啥？

Lily：我觉得最主要的还是要让自己成长。

海蓝：他已经离开了，这份温暖、体贴和踏实，其实谁能给你？

Lily：我自己。

四、把自己变成一幅"锦绣"，想锦上添花的人一直很多

这个世界上绝不止一个人值得你爱，或者会爱上你

我们常常以为只有一个人具备自己缺失的部分，所以失恋会觉得痛不欲生。其实，这个世界上绝不止一人拥有你所需要的部分，也绝不止一个人值得你爱，或者会爱上你。

海蓝：你们之所以分手，最核心的原因是啥？

Lily：爱的能力。

海蓝：首先是爱谁的能力？

Lily：爱自己。

海蓝：如果你能够自给自足的话，你觉得这个过程会怎么样？

Lily：我觉得我俩可能就在一起了。我自己还是要提升爱自己的能力吧。

海蓝：最向往的是他对你的呵护，但是没有一个人能够一直呵护另外一个人。接下来你看着你自己，你准备怎么呵护自己？

Lily：照顾好自己的点点滴滴的事吧。

海蓝：你男朋友为你做的所有的一切，你能不能为自己做。

Lily：都可以。

海蓝：你确定？谁真正知道你的需求？

Lily：我自己。

海蓝：那你能够开始好好地爱自己、体贴自己、温暖自己吗？

Lily：能。

海蓝：感受一下，在任何时候你都可以呵护和温暖自己。

Lily：感觉挺舒坦的，很温暖，也有力量了。

海蓝：如果你真正能够很好地把自己照顾好的话，你估计未来会怎么样呢？

Lily：未来找男朋友没问题。

海蓝：为啥没问题？

Lily：因为我自己变得好了，那其他都不是什么问题。男朋友其实是锦上添花的事儿。

海蓝：那咱们得把自己变成一幅"锦"，愿意锦上添花的人一直很多，但能够雪中送炭的人从来不多。

Lily：雪中送炭这事，我就自己做吧。

海蓝：当有了这样一种感受，你现在的感觉是啥？

Lily：轻松。

海蓝：那你对未来有什么感觉？

Lily：有希望了。

海蓝：好，吸气呼气。把这种希望留在自己身体的每个细胞里面，把心里面所有的难过和负担都呼出去。你再看你的前男友，现在他是啥样了？

Lily：他也会自在一点儿，开心一点儿。

海蓝：现在你看到他有啥感受？

Lily：挺可爱一小孩。

海蓝：那么接下来你想跟他怎么相处？

Lily：我想跟他做朋友。

海蓝：现在感受是啥？

Lily：会轻松，带着点儿留恋。

海蓝：再展望一下自己的未来是啥样子？

Lily：未来还是很光明的。

海蓝：怎么个光明法？

Lily：一家三口的美好生活。

海蓝：好，现在可以慢慢把眼睛睁开。你现在的感受是啥？

Lily：会轻松很多。

海蓝：嗯。

Lily：特别感谢您。

实操练习：失爱之人如何使用"柳暗花明法"

如果你跟Lily一样，对过去的一段恋情割舍不下，最根本的方法还是做系统的个人成长，包括创伤处理，从根本上疗愈自己，补足自己内心需要的各种养分。

在前几堂课教过的自我关怀，也可以坚持练习，学会自己关爱自己。

除此以外，还有一个练习，可以帮助大家从一段感情中走出来，重新开始，这个方法叫"柳暗花明法"，大家在家就可以进行。等你做完这个练习，就知道为什么我给它取这个名字了。

课堂小贴士

柳暗花明法

（1）找一个安静的地方，闭上眼睛，做几个缓慢深长的呼吸，让自己平静下来。

（2）在脑海中，把曾经的伴侣带到面前。回想你和他在一起时感觉到爱的十个场景，列成清单。

（3）看一下这个清单，这些场景都体现了对方的什么品质？

（4）然后问自己，只有这个人具备这些素质和能力吗？其他人有吗？

（5）对于自己你发现了什么？你在亲密关系中需要改变什么？成长什么？

（6）如果可能的话，积极开始改变自己，修复破损的关系；如果已经没有可能修复，就按照自己的标准，积极行动起来，寻找新的伴侣。

行动可以改变一切，而不是苦思冥想。苦思冥想往往会使我们陷入其中，久久不能自拔。失去一个人、一段感情，不管你多么撕心裂肺，不管你觉得多么难以割舍、无法替代，一切终将过去。

你会发现，你所需要的、所爱的品质特征，并不是只有一个人有，实际上，你真正爱的并不是某个人，而是他身上具备的你需要的品质和他带给你的感受！

慢慢你就会发现，他带给你的这种感受，很多人都可以给你带来。此时，你就会释然。

寻找爱人，实际上是寻找生命中缺失的部分，和那个人是谁关系不大，而和那个人是否具备你所缺失的部分有关。有人不能理解为什么查尔斯王子爱卡米拉，而不是众人喜爱的戴安娜，就是因为不知道这个原理。

总　结
各种失爱的痛苦，
是因为我们还没有学会恋上自己

海蓝：今天整个过程中你收获了啥？

Lily：还是要继续学会爱自己，这看起来是一条很漫长的路，但这其实也是一条捷径。这个可能是最大的收获，我自己也会变得比较有力量，不再害怕了。

海蓝：对你们影响最大的人是谁？

Lily：父母。

海蓝：两个人的关系，其实光是两个人的关系吗？

Lily：是两家人的关系。

海蓝：是的，未来在经营关系的过程中，还有什么关系是重要的？

Lily：双方家庭。

海蓝：从你的角度来讲，再碰到这样的事，你要怎么处理？你要记住爸妈只有一个，女朋友可以一直换。很多女孩在这上面都想不清楚。

Lily：我现在清楚了，我得去接受和包容他父母。

海蓝：如果让你总结你收获的三点，你觉得是什么？

Lily：首先，得想清楚，自己到底要找什么样的，才能有希望建立自己的家庭。第二个就是我要成长自己，在建立这样的关系的过程中，肯定会碰到各种各样的事情。就像海蓝老师说的，不可能有十分完美的人，我在处理这些矛盾的过程中，要管理好自己的情绪，最终才能够处理好这段关系。然后第三个，父母很重要，我得让自己的心变得更大一点，我得去接受和包容对方的父母。

亲爱的，不管你是失恋、失宠还是失业，不管你失去了什么，最最重要的是，不要失去自己！

各种失爱的痛苦，是因为我们还没有学会恋上自己。实际上我们最需要知道的是如何爱上自己。

当你爱上自己，就会"山重水复疑无路，柳暗花明又一村"。亲密关系中真正的功夫，在于不管在什么情况下，都能始终如一地不依赖他人、做自己需求的第一责任人，在这个前提下学会如何化解矛盾，关系才能相处得久远。

延伸阅读
失爱后，如何应对愤怒的情绪

祁艳菲

海蓝博士第 87 位静修生

海蓝幸福家全项教练

全球静观自我关怀中心正式老师

国家二级心理咨询师

简介： 在广告、公关、消费品行业深耕多年，2013 年 5 月
参加海蓝博士静修生学习，在自助助人中找到人生价
值，2013 年 7 月毅然辞职，在海蓝幸福家学习、践行。
2014 年经考核成为海蓝幸福家全项教练。

失爱后，为什么会带来愤怒呢

在第十堂课中，失恋的案例也许会引起许多伙伴的共鸣。的确，有爱就有痛，有相聚就有分离。我们因为爱，与人联结；也会因为各种原因，失去这份联结。

当断开与所爱的人的联结时，我们就会出现很多情绪，有柔

和的，也有激烈的。就像前面案例中的女孩 Lily，我们能感受到她的悲伤、不舍、自责、懊悔……我们也看到，在想象中，当她把前男友带到面前的时候，对方表现出的愤怒。

愤怒，是一种"硬"情绪，尤其是当我们失去所爱的人、喜欢的东西的时候，这种情绪就会出现。

失去联结，为什么会带来愤怒呢？愤怒究竟意味着什么？

正如我们一直所讲的，任何一种情绪，没有好坏之分，都有它的价值。试着回想一下，你在关系中，是否也有感到愤怒的时候？这种情绪，发挥了什么作用？

也许，它让你觉得这都是对方的错，把矛头指向外在；也许，它让你避免感到悲伤、失落——这些让你更难以忍受的心情；也许，它让你有力量，不至于消沉、萎靡……

愤怒会带来什么样的后果呢

也许，我们会把某一类人、某一类行为，标注成"坏的""不好的"，从此不再靠近。这让我们在避免了一些可能的伤害的同时，也局限了自己的范围。

也许，你会因为愤怒做出一些冲动的行为，比如说出一些伤害性的语言，对关系造成不好的影响，甚至造成人身伤害。在新闻报道中，我们也经常听见，情侣分手、闹矛盾，因爱生恨，从而导致报复行为的恶性事件。

也许，我们在愤怒过后，又陷入自责、懊恼，后悔自己当时失态、口无遮拦、行为冲动。

也许，我们会在愤怒过后久久不能释怀，在心头形成一个无法释怀的负担。

所以有人说，愤怒是为了杀死别人，而自己喝下的毒药。非常贴切的比喻。

我们该如何应对愤怒的情绪呢

是该压抑，不去发泄自己的愤怒吗？

有科学研究表明，一再压抑愤怒会损害我们的身心健康，尤其是许多心血管以及消化系统的疾病都与压抑愤怒有关。

就像高压锅一样，越是压抑，内在的气压就会越大，总有爆发的一天。而肆意发泄，对人对己更是有百害而无一利。而且有科学研究表明，经常愤怒发脾气的人，患冠心病的风险会大大增加。

其实，任何情绪都是一样的，都需要我们勇敢地面对它，向它敞开心扉，倾听它背后的需求。

在这里我分享一个自己的故事给大家。

有一天早上，我需要从上海搭早班的飞机去北京带一周的课。早上醒来，我轻手轻脚地梳洗，准备出门的时候，看到爱人依然在睡梦中，就想不打扰他，让他好好休息。于是，我自己悄悄地出门离开了。

当飞机降落后，打开手机，发现了 N 个未接来电的提示，随即是他打来的电话。电话里他把我一顿臭骂，问我去哪里了，怎么一早就不见了，电话也打不通，出去也不说一声，基本的礼貌都没有！

听了他连珠炮一样的质问，我感受到他强烈的愤怒，也觉得有些莫名其妙，为什么自己如此体贴的行为会招来对方火冒三丈？

也许，换作以前，我会觉得对方非常无理取闹，不可理喻。而经过长时间的学习和践行，我已经知道基本的情绪管理方法，所以，即便当时我也感到有些生气和委屈，还是让自己深呼吸，平静下来，并先向对方道歉——抱歉给他带来情绪的搅扰，然后安抚他的情绪。而我也深信这个愤怒背后一定是有原因的。

回家以后，我们交流了一下。我问他，当时发生了什么？他是怎么想的？

他告诉我，当他醒来却没有看见我，感到非常意外。原本他以为要分开七天那么长时间，至少在分别的时候有个告别，而我忽然消失了，这让他感到很不安，随即感觉到了孤单、失落，还有担心和害怕。这种担心和害怕，我们进一步探索了一下，跟他过去的创伤有关，那种忽然失去的感觉，会触动他内心非常深的一些害怕。

但是对于一个男性来说，他通常是不愿意承认自己的脆弱的，而且在那一刻，非常短暂的时间里，他也没有办法立马意识到自己有那么多层次的情绪。所以，一个本能保护自己的、习惯性的模式就开始发挥作用。这就导致他指责我的不是，觉得是因为我做得不对，所以他才那么生气。在那一刻，愤怒占据了他的头脑，于是就有了电话里一连串的质问。

通过这个例子，我们可以看到，通常在一个人愤怒的情绪背后，其实掩盖了更柔软、温柔的情绪，包括恐惧、悲伤、孤独……

而在这些情绪背后，又常常是没有被满足的需求，比如，希望被看见、被听见、被理解、被重视、被认同，能够与人联结、亲密……

所有的需求，如果用最简单的话来说，就是希望被爱！这也是每个人生而为人最深切、最基本的需求。

正如一首诗歌中写道：

承认吧！

你见到每个人，都在说：爱我吧！

当然，你不能大声喧哗，否则会有人叫来警察。

不过好好想想，这个伟大的想法将我们联结在一起。

为什么不让满月住进自己的双眼，

用甜美的月亮的语言，一直说

这世界上每一只眼睛都渴望听到的话？

——《月亮的语言》Daniel Ladinsky

那句话是什么呢？是的，就是我爱你！

所以，当下一次遇见一个愤怒的人时，也许你能透过他狰狞的面目，看到他背后孤独、受伤的心，以及深深地希望被认同、被爱的需求。

愿每次当自己感到愤怒、生气的时候，你都能停下来，觉察到自己的需求，能够穿越愤怒的火焰，去触摸自己的内心，给予自己关怀，给予自己爱。

祝福大家！愿大家成为一个能给予自己和他人关爱的人！

n

如何滋养你的亲密关系
——懂得爱的"三要三不要"

你是否希望得到爱人的理解、包容、接纳、支持?

你是否觉得自己为爱付出了那么多,

却没有得到应有的回报?

对你来说,爱意味着什么?

一、爱对你来说，意味着什么

很多时候，会撒娇的老婆，好过会干活的老婆

今天这堂课我们来说说如何爱。首先我们要知道，爱对你来说，意味着什么？

有人说，爱对我来说，意味着安全感、理性、包容和责任；也有人说，爱对我来说，意味着接纳、支持、阳光和温暖；还有人说，爱对我来说，意味着付出、贡献和希望。

当你说包容的时候，你想到的是你包容别人，还是别人包容你？当你说理解的时候，你想到的是你理解别人，还是别人理解你？

很多人其实都希望别人对自己理解、包容、接纳、支持，甚至要求别人必须做到，有时几乎是要挟。

以下这些话，你是不是很熟悉：

我为你、为你家人，做了那么多事，操了那么多心；

我心是好的，什么都做了，只不过有时候脾气不好，嘴巴不饶人而已……

你什么都做了，就是没做对方最需要的！

知道吗？对大多数人来说，不需要别的，只要每天看到一张开心的脸，听到温馨、鼓励、肯定、支持的话。其实，累死累活，不如脸色好、嘴巴甜。感情感情，感到了才有情。

很多时候，会撒娇的老婆，好过会干活的老婆。

关于亲密关系，我听到最多的困惑是：

（1）"我和恋人相爱一段时间了，但越到后面就越觉得不知道该怎么爱了。是不是内心已经没爱了呢？"

（2）"爱是有的，但是好像不会沟通了，没说几句就不耐烦、没好脸色，要么语气冷漠，要么容易暴躁，总是热战、冷战不断。事后觉得后悔，下一次又继续照犯。"

我们要先清晰地知道什么是爱，知道人们是如何感受到爱的，才能知道自己需要怎么做，怎么表达爱、获得爱。

真实案例：爱是这样错位的

分享人：小君（妻子），小刘（丈夫）

现住地：山东

工作：中学老师，国企职员

问题：夫妻关系不和谐，不知道如何去爱，如何懂得爱。

小君：我叫小君，来自山东，是一名中学老师，我想解决如何爱的问题。最初的时候，像琼瑶小说里面写的，他从各个方面都对我特别的好，所以我被他的好感动。然后就一直是这样的模式——他一直对我好，他一直为我付出；我呢，就好好享受这个被爱的感觉。如果他有什么做不到的，我就耍脾气，直到他认错为止。

后来日子久了，他说话的语气、言辞变了，像是训人一样，还经常责备、抱怨。但为了孩子我们不能吵架，因为我不想影响孩子，所以在这个过程当中，我俩都过得非常艰辛。

小刘：我是小刘，来自山东，这次陪太太来，想处理和谐关系的问题。因为一开始感觉我们有文化（学历）的差异，所以在心里就有一种自卑的感觉，觉得她高高在上。后来就觉得，你凭啥高高在上？你既然欺负我，那我也就不在乎了。原来的生活模式是，只要我发火，她肯定要泼桶汽油。我觉得，不管是男人也好，女人也好，都有自己的性格和脾气，其实在相处的过程中，当你的包容度达到极限的时候，人就会崩溃。夫妻俩好好把自己该做的事情做好就行，你最起码给孩子做一个榜样。

小君：我就想要和老公两个人，能够相濡以沫，温暖、平静地相处。每次我在大街上看见一个老头和他的老伴手挽着手走路，我的心都会被触动。其实我想要的，可能就是这个吧。

下面是我引导小君、小刘夫妇梳理的场景。

海蓝：咱们今天交流的主题就是如何彼此相爱。我先问小君，你觉得在你们的关系当中，10分表示你感到特别被你老公喜欢和爱，

0分是没有，你要打分的话，现在会打几分？

小君：现在能打6分吧。

海蓝：你希望你俩的关系能达到一个什么程度呢？

小君：可能达到八九分。

海蓝：好的，那问问先生，你觉得你俩相爱的程度打分的话能打几分？0~10分。

小刘：七八分是有了。

海蓝：七八分？那你还想再好点儿不？

小刘：想再好点儿。

海蓝：你希望能够达到几分？

小刘：我希望达到10分。

海蓝：好的。那我先问小君，先生怎么来爱你，你觉得能够达到10分？

小君：首先就是不管什么时候，都不要乱发脾气。

海蓝：什么时候他乱发脾气？

小君：可能在朋友面前他不会这样吧，但在家里就经常会。

海蓝：不发脾气，你俩的关系能打几分？

小君：我觉得能到8分。

海蓝：除了不发脾气，再怎么做能到9分？

小君：当我和你的观点不太一致的时候，只要不是违反原则的，那你就说行啊、好啊、可以啊。

海蓝：达到9分还需要做别的吗？

小君：别的他其实一直都做得挺好的，继续做就行了。

海蓝：那你记得他以前做啥做得比较好？

小君：比方说你喜欢吃什么，他就会给你买一堆回来。家里人需要任何帮助——我的弟弟，甚至是我弟弟的女儿需要帮助，他都会比我还积极地冲到前面去做这些事情。或者我的爸爸妈妈过生日，他会买礼物；我过生日，他会买花。反正这样的事情，他很会做。

海蓝：从来没忘过？

小君：几乎是。

海蓝：家里家外的事儿人家都干完了，就剩下发火了，你怎么还觉得不行呢？

小君：对啊，他一发火，我就把他做的事情全盘否定。他就是很爱抱怨和责备，而且他的责备和抱怨针对的都是已经过去的事情。

海蓝：他一般能够翻出多少年以前的事来责备？三十年前的事，他也能翻出来？

小君：吵起架来他就会翻。不吵架的时候，生活中时时刻刻都有可以责备你的事情。

海蓝：随时随地？

小君：对，这就是我最痛恨的（地方）。面对他的责备和抱怨，我就一点儿办法也没有。他现在时时刻刻都能揪着一件事，包括今天，他就指责，那件衬衣你怎么不知道熨一熨呢？我说我自己的衣服我都不熨。他就说今天这个场合不一样啊，因为今天是录海蓝老师的节目啊，那就应该熨一熨啊，他就会责备你。

海蓝：你说到这儿的时候，我看你眼睛里都开始有眼泪了，这可能是让你最痛的地方。

小君：最痛。因为我以前老形容他就是个刺猬，浑身都是刺儿，老是扎你。比方昨天晚上，我们到这儿九点半，其实我觉得还不算晚，结果到了附近也找不到地方，然后我就联系负责人问路。他又开始发火了，你早干啥了，这时候才联系……

海蓝：在你们的关系中，所有对你们造成影响的因素有 100 分的话，发火和责备占多少？

小君：他一责备你，语气就上来了，我觉得占 90% 吧。而且我以前就把这样的东西解读成他伤害我、讨厌我、故意找我的茬儿。因为他不喜欢我，所以才故意让我不舒服。

海蓝：那剩下 10% 是啥？

小君：他几乎一点儿家务也不做吧。

海蓝：那你希望他做点儿啥家务？

小君：拖个地啊，倒个垃圾啊。

海蓝：做点儿家务对你来讲意味着啥？

小君：就是他把心和精力放在家里的感觉。再一个就是体谅我的感觉，知道其实女人也是不容易的。

海蓝：其实不是扫地、倒垃圾这些事儿本身，而是觉得做这些事儿能够表现出他体谅你？

小君：对。前段时间关系最差的时候，就到这程度了：我就觉得最好离他远一点儿。我们有两套房子，我和他分开住，自己住一套房子。

海蓝：好几天不回来？

小君：嗯，对，避开他，离远一点儿更舒服。

海蓝：好的，如果不责备你、不发火，然后把垃圾倒了，再扫扫地，你会打几分？

小君：9.5 分了吧？

海蓝：就 9.5 了，是吧？那还剩下 0.5 是啥？

小君：对儿子也别动不动就发火、责备。

海蓝：那我想问问先生，你听到爱人说，她对你俩关系的这种期待，你的感受是啥？

小刘：我觉得不真实。任何东西都有一个过程，你不能断章取义，她瞒着你，弄这弄那。

海蓝：你说你发脾气是有原因的，她说的不符合事实，她就是揪着你发脾气这段，但她没有说她做错事那一段，对吧？那还有呢，你还有什么感受？

小刘：我是早睡早起的人，但她属于那种夜猫子，经常打球就打到十一二点。一开始，你要给她打电话，她就觉得你是在管她。可你一个女的在外面打球，毕竟到了晚上超过十点钟不安全是吧？后来我也不管了。你管不了，只能放弃，是吧？

海蓝：她说在家里你也不干活。

小刘：不干活是因为工作性质，如果晚上加班到三点，回家怎么干？早上六点钟就去上班了。

海蓝：那你是不是有时候故意加班？

小刘：对，到了后期是这样的。

海蓝：那你觉得怎么样就能够达到 9 分的状态？

小刘：都快到 50 岁的人了，你就老老实实的别惹事。

海蓝：啥叫别惹事？

小刘：晚上打球到点儿就回家，不要晚上八点钟再去打球。

海蓝：你心目当中贤妻良母是啥样？

小刘：该对家里的老人好，别半个月一个月不回去。她爸在北京安贞医院住了两回院，她一次都没去看过。

海蓝：还有呢？

小刘：得勤快点儿，她虽然说我懒，其实我比她勤快多了。她上班经常三天两头的，今天看看这个事，可以不去就不去了。

海蓝：如果想要你俩之间的关系进一步的话，你觉得最主要是哪三件事？

小刘：对她的父母好一点儿。

海蓝：这占多少比例？

小刘：得占 40% 到 45%。

海蓝：你的父母呢？

小刘：她对她的父母好了，对我父母也肯定会好；对自己父母都不好，你剩下的那都是做给别人看的。

海蓝：其他的还有什么？

小刘：作息时间啊，生活习惯啊，得稍微调整。

海蓝：怎么调整算是比较合适的？

小刘：十点半你得回家啊，对吧？你该打球还是可以打球啊。

海蓝：你觉得为啥会待这么晚？

小刘：后期我连问也不问，你问也没有用，她也不会跟你说，就不问了。

海蓝：这个占了多少？

小刘：这个得占30%。

海蓝：好，咱们再说昨天那件事儿。昨天到这儿来找丢了，然后你责备她你早干啥了？

小刘：第一，我早就跟她说了，第一天来你应该跟这儿联系一下，这个地方能不能住；第二，我们到这个门口了，那个司机去问了问路，她给指挥着转了好几圈，转到十点多了她还在发微信，是这种急事的时候，你就需要打电话，赶快跟谁沟通一下。

海蓝：你俩之间的矛盾，其实是一个相同的模式，就是至少从你的角度来讲，你心里面有一个标准，她没做到，所以你不高兴，实际上她能做到吗？

小刘：有些是能做到的。

海蓝：但她没有做到的原因是啥？因为她不愿意吗？她为啥没有做到？

小刘：有埋怨吧。

海蓝：小君我想问你，你经常觉得特别无助和无望的时候，觉得这件事没解，是因为你真的不知道，一头雾水？

小君：嗯。而且刚才听他说了那一些话，我都觉得，哎呀，怎么这样？不一样，根本不一样。我爸爸妈妈，其实在我和我弟弟之间，最放心的是我，最爱的也是我，特别是我妈妈。我不知道他为什么心里会埋怨我。我爸爸在北京住院我没去，因为是我老公和我弟弟去的。我跟所有人都说我老公好。我爸爸住院我没去，是因为我得在家管孩子。孩子从小都是我在管，孩子得了大大小小的奖回来，他都会自然地说，好，给妈妈发奖金！其实他这句话，就是说明孩子的事，完全是我在管。为什么我弟弟和我老公来陪着我爸爸住院，还需要我也上北京？我舍了孩子，谁来照顾？

海蓝：但是我相信你爱人，一定有一种深刻的感觉，就觉得你只关心自己的事儿，不关心别人的事儿。不关心别人的事儿，其实更深一层的含义是，他没有收到你对他的关心、对他的理解、对他的支持和你对他的温暖。

小君：对，海蓝老师这一点我承认。就像您说的，我反而没让他感受到我对他的爱和温暖。

海蓝：你为啥承认这一点？

小君：我做女人的认知，都是来自琼瑶小说，觉得女人是用来爱的，女人天生就应该被男人宠着、爱着。

海蓝：那女人干啥？

小君：女人就享受爱呀！我们一开始的相处模式就是这样，我就按照琼瑶小说女主角那样，然后他确实就按照琼瑶小说男主角那样做的。比方说吃西瓜，都是最上面那个角切下来给我吃。

海蓝：吃了好多年西瓜心儿，到现在还吃得上西瓜心儿不？

小君：现在不了。

海蓝：你这些年干了啥？

小君：用心陪伴孩子，教育孩子，然后家里所有的家务活我都干。我对公公婆婆好，对我的小叔子也好。

海蓝：旁边一圈都好了，好像没他啥事？

小君：没他啥事。我从生活上是愿意照顾他的。

海蓝：从西瓜心儿留给你，怎么会走到今天这一步？

小君：开始的模式一直是他对我好，我就享受，如果惹着我，我会一直闹到他最后跟我承认错误为止。直到有了孩子，孩子稍微大一点儿以后，我发现不行了。为什么呢？因为在我这里，孩子是第一位的，所以我不可能因为任何事情影响孩子，我也不想在孩子面前吵架，所有的事情我都可以忍。

海蓝：这么多年来你先生一直在关心你，呵护你，爱你，宠你，你曾经享受过一段琼瑶式的爱情，在这个过程中好像你基本上啥也没干过。

小君：对，没对他付出过。我就光盯着你应该为我做十件，你做了八件了，还有两件没做！

从以上案例当中，我们可以看出，亲密关系非常容易陷入一个误区，那就是爱的错位。

小君和小刘从相爱开始到结婚生子，小君过了一段琼瑶故事里女主角才有的生活，像公主一样。最开始爱人对她百般宠爱，但她无动于衷，觉得理所当然，对爱人也没有什么体贴照顾，她对爱人的建议基本上是耳旁风，甚至反感，直到有一天爱人开始发火了，她突然发现自己无法承受，就开始躲避、远离。爱人因此就更感到没有被关怀，最后发展到一个打球晚归，一个加班晚归，最终到分居不相见。

这是一段非常典型的，爱着爱着爱就不见了的亲密关系。那问题到底出在哪儿呢？

二、爱分为浪漫期、矛盾期、整合期、承诺期、共同创造期

浪漫期、矛盾期、整合期、承诺期、共同创造期的特点

心理学家把关系的发展分为五个阶段：浪漫期、矛盾期、整合期、承诺期和共同创造期。

这几个阶段不是直线式的、一成不变的，而像一年四季一样，不断循环往复；在矛盾的背后，也隐藏着生机。不存在没有矛盾冲突的婚姻，而矛盾发生，很多时候是因为没有感受到爱。爱到位了，有矛盾也不是事儿；爱不到位，没矛盾都是事儿。爱是根本。

在前面的案例中，我们看到爱的这几个误区。

爱的误区一：爱 = 你爱我

小君曾经非常天真地认为，女人是用来爱的，爱就是"你来爱我"，所以对方做什么都是应该的，是理所当然的，而自己一直

（1）**浪漫期**：人们从最初相识进入浪漫期，彼此都只看见对方的长处和优点，觉得一切都很好，缺点被忽略甚至被美化。

（2）**矛盾期**：等慢慢靠近更加了解彼此以后，矛盾就开始变多了，各种冲突也随之而来。接下来就进入矛盾期，有的人在矛盾中就分开了，开始寻找新人、新的关系，开始新的浪漫。

（3）**整合期**：也有人穿过了矛盾，进入整合期。所谓整合期，就是双方都知道人无完人，在磨合中取长补短，求同存异，寻找继续保持关系的可能。

（4）**承诺期**：承诺期就是两人在一次次冲突过后确认彼此相守的决心。

（5）**创造期**：最后是创造期。创造期也就是夫妇同心，共同创建属于彼此的幸福和美好。

高高在上，因此造成了关系中的不平等。

一个不平等的关系注定不可能长久和亲密，亲密关系中每个人最核心的需求，都是被肯定、被尊重、被温暖和被爱。

当一味付出没有回馈的时候，就像一个银行账户，只有提取没有存入，当然会被掏空，所以爱着爱着就爱不动了。

于是我们看到小刘后来脾气越来越大，其核心问题在于得到的爱不够，所以会不由自主地发泄、生气。没有感到足够爱的人，经常会怒火四溅！

很多女性容易受文学作品和影视作品的影响，有所谓的"公主病"，习惯单方面索取爱，并理直气壮、理所当然。如果你也有这想法，赶快醒醒，回到现实。没有回应的爱，不可能久远，人们想找的是心心相印、相亲相爱的伴侣，不是找个公主、王子成天供着。

爱的误区二：做家务 = 我爱你

小君很勤快，做家务、培养孩子、照顾公婆，她认为这就是对老公表达的爱的全部。但不管她做了多少，小刘都没有深刻的感觉，也没有感觉自己被照顾。

你照顾了全家，却没有照顾到我。即使从理智上知道你是个好人，但从感受上来说，我也是缺乏爱、缺乏温暖的。因此小刘渐渐心灰意冷，以早上班晚加班的"敬业"为借口，远离老婆。于是雪上加霜，两个人渐行渐远。

对于爱的理解和表达，我们都有很多错位的地方。人是通过感觉来判断感情的，所谓感情，感到了才会有情。两个人即便是非常相爱，结婚多年，生儿育女，彼此非常了解，也只能从字面上去理解和感受对方的话。爱不在于你做了什么，而是对方感到了什么。

爱的误区三：责备、发脾气 = 不爱我

小君认为，老公总是冲她发脾气，不像以前那么宠着自己了。

恋爱结婚时承诺的事儿，老公没有做到，她感觉老公不再爱自己了。所以她开始远离老公，宁愿在外面与朋友打球，也不愿意回家面对这个臭脾气的老公。

很多像小刘一样的人，明明做了很多很多事，只是偶尔发些脾气。他们可能会想，我为你做了那么多，只不过说话有时候语气不好，你自己想一想，我对你到底怎么样，这不叫爱，叫什么！

人的大脑结构就像一个握起来的拳头，手腕呢是脑干，相当于爬行动物脑的部分，管呼吸、心跳等生命体征；大拇指的部分，就是边缘系统，相当于哺乳动物的脑，管人的情绪；最上面的部分，是新皮层，是人类大脑，管思维、逻辑和道德。

也就是说，大脑的工作是由各个部分共同发挥作用的，脑干这个部分工作正常的时候，大脑上面两层才能正常工作；边缘系统正常工作的时候，新皮层才能工作。

用一句通俗的话来讲，当我们情绪平稳的时候，我们才能正常思考。

因此，当听到指责、批评的时候，人们会出于本能，自然产生对抗的情绪；在对抗情绪中，人无法冷静，也很难理智地思考和判断，更难在对方的指责、批评中感受到爱。

不管是大人还是孩子，都很容易直接把被批评、被指责等同于被否定、不被爱。从这个角度来说，小君的感受是很正常的；另一方面我也想提醒大家，当你知道了大脑的工作原理之后，就可以提醒自己：发脾气的人是因为他的需求没有被满足，所以不要把对方的批评、责备等同于不爱你了。

三、爱有"三要三不要"

怎么才能让对方感受你的心意和情意呢

一边是和颜悦色、柔声细语、搂搂抱抱，一边是撅着屁股干活，给别人脸色看和一张臭嘴巴，你会如何选择？

海蓝：把眼睛闭起来，好好地感受一下，对你的爱人来讲，跟你这样一个像公主一样高高在上的媳妇儿好几十年，你估计他的感受是啥？

小君：他也挺可怜的，对人家付出那么多，回报那么少。这么多年来，我确实是一个从来不会说"对不起"和"谢谢你"的老婆，说起来是一件挺可怕的事儿，同时我觉得这也是一件挺可悲的事儿。

海蓝：把让你最生气和最难受的一个场景带到眼前，你看到了啥？

小君：担负着很多责任的，也不是很高大的一个男人，一路走来非常努力，而且没有得到别人的爱，就一个人一路这么艰辛走来，真的很不容易！但是不管怎么样，你的这些付出和努力，至少现在的我是看到并且感动了，也谢谢你。

海蓝：看着他发怒的脸，你看到了啥？

小君：承担得太多了，积压得也太多了。记得以前你说我对我爸爸妈妈不好的时候，我都是嗤之以鼻的。我和我爸爸妈妈好不好，我爸我妈心里最清楚，我最清楚了，你都在那说瞎话！

但是海蓝老师那句话触动了我，其实他的指责背后是他在控诉，他没有得到关注，没有得到爱。因为这么多年我给他的爱不够，导致他都不会爱，绷紧了自己全身的弦和盔甲。他让自己坚强，让自己勤劳，他承载着所有的一家、两家、三家，老老少少的责任。

海蓝：那你想怎样对他？

小君：小刘，我好爱你！谢谢你！在我说要离婚的时候，你坚持不离，才给了我今天这样回头的路！

小刘：好好过吧！

海蓝：看发怒和指责背后的爱人，看到了啥？

小君：还是我的问题，占很大一部分。

海蓝：你说好好爱人家，准备怎么好好爱？

小君：用心地爱，我不说出来，他是能感受得到的。

海蓝：是的。那当你用心爱了以后，你估计会有什么变化？

小君：他身上的盔甲会一层一层地脱落吧！他自己变得轻松一点儿，我俩之间温暖、轻松也能多一些。

海蓝：闭上眼睛你想想看，你觉得从现在开始看你俩的未来，估计是什么样子？

小君：我想要的那种相濡以沫，手挽手一起散步。不管做什么，都是手挽着手，这就是我最向往的一个画面。

海蓝：你确定？

小君：我确定！

海蓝：百分多少地确定？

小君：百分之百。

海蓝：达到百分之百的确定，你需要做什么？

小君：我觉得只要我用心地去做，做什么他其实都是可以感觉得到的。我上了您一次亲密关系的课，您告诉我要平心静气，柔声细语，和颜悦色，要听人家说，多听少说。我刚做到这儿，还没到搂搂抱抱，我已经发现，我对他不由自主地开始有欣赏的成分了，会用心地听了。

海蓝：好，总结一下，从一开始，你的爱人把你像琼瑶小说里面的女主角那样宠到天上。发展到今天，使你们远离的主要三点原因是啥？

小君：第一点，这个认知是不对的，老觉得女人是用来爱的，男人是用来爱女人的，以前是这样认为的。现在我认为女人是用来爱的，男人也是用来爱的。第二点，我自己都不知道怎么做老婆，我不知道这么简单的道理，不懂得。

海蓝：还有呢？第三点是啥？

小君：第三点就是他的创伤问题，原来这个问题跟我无关，我不要往自己身上揽。再就是他可以做创伤处理的，他做了之后，自己认识到这一点，他有个比他小几岁的妹妹，在小时候死了。

海蓝：什么原因离开的？

小君：一场病。

海蓝：小刘，你跟妹妹关系很好？

小刘：对，十三了，我妹妹十三了。

海蓝：你那会儿多大？

小刘：那会儿十五。

海蓝：你很喜欢这个妹妹？

小刘：对，下午在地里捡东西，晚上突发脑膜炎，当天晚上就没了。农村嘛，就埋了。

海蓝：谁把她埋了的？

小刘：家里人埋的。

海蓝：也没告诉你？

小刘：没有。

海蓝：而且你跟她关系很好，你都没看到她最后一眼？

小刘：没有，很多年，心里一直对我母亲、父亲有一种怨恨。原来的时候，回到家，菜炒得不好吃，啪叽端起盘子就摔地上了，实际上不知道为啥。现在说起来知道了，原来不知道。

小君：所以我跟他说，你这个爱抱怨、爱指责、爱责备，就是心里对妈妈有太多的怨恨了。他又不能怎么样，他懂事，也知道妈妈很悲痛，他时时刻刻不离开他妈，他怕妈妈出事。

小刘：妹妹这个病及时治的话是没有问题的，最起码没有生命危险，可能将来会出现大脑的后遗症，会痴呆或者怎么样。就是救晚了。如果把孩子当回事的话，可能没有问题。更多的怨恨是在这个点上。

海蓝：你对小君的很多不满，觉得她应该做的事，她没有做，我现在知道原因了，因为在你心里，应该做的事情却没有做就等于出人命。

小刘：是的。那时候我也没弄清楚自己怨恨的究竟是什么，后来就把这份怨恨带到了家庭，带到了小君身上。现在我找到了问题的根源。这是我们没法好好相处的一个重要原因。

如何爱？下面我就给大家介绍一下"三要三不要法"——和颜悦色，柔声细语，搂搂抱抱；不指责，不抱怨，不发泄。

爱有三要：和颜悦色，柔声细语，搂搂抱抱

当小君真心对老公说"谢谢""对不起"的时候，老公就感到了温暖。

神经科学发现，人感受爱的方式，主要是从眼神、语气、神态、身体接触和感受的温暖中来的。这是因为人出生后，妈妈对我们轻柔地说话，充满爱的眼神，把我们抱在怀里，亲吻、拥抱，使我们一遇到和颜悦色、柔声细语、搂搂抱抱就会卸下盔甲，这源于婴幼儿时期对爱的感受方式，是我们感受爱的密码。

真实的爱就是从和颜悦色、柔声细语、搂搂抱抱中感受到的。无论男女老少都一样，而每个人都害怕愤怒、阴沉的脸。

事实上，生气发火的人看起来像老虎，其实内心深处是因为没有感到被呵护、被拥抱、被看见、被尊重而呐喊，愤怒和生气只是用来掩饰内心脆弱的烟幕弹。

如果大家能够透过愤怒看到脆弱，对发火的人就会多一分宽容，自己也不容易受伤。

爱有三不要：不指责，不抱怨，不发泄

小君就需要老公的一句"行啊，好啊"，背后的意思是不要指责我，不要责备我。实际上把这几点做到，你的亲密关系一定会甜美。

当我们知道，所有让人不愉快的行为背后，都有创伤痕迹，就容易理解对方，心生慈悲和善意，减少对抗、攻击和怨恨的情绪，关系也会因此减少矛盾；即便有矛盾，也容易化解。

当然，重要的不是懂得多少理论，而是把已经知道的理论，用于创建关系的和谐上。有句话说，知道了那么多知识，却依然过不好这一生。所以关键是践行，践行，再践行，直到内心宁静，与人和谐。

在关系中，多想想自己希望对方如何对待你，再以同理之心对待对方。几乎无一例外，每个人都渴望被认可、被尊重、被爱，当关系出现问题时，想一想自己做到"三要三不要"了吗？

没做到时，问问自己，我还想要这段关系吗？如果要就朝正确方向去努力，做有助于关系的事。

海蓝：使你们越来越靠近的主要原因会是什么？

小君：首先我明白了，男人也要好好去爱他。

海蓝：还有呢？

小君：我学到了怎么做老婆，我开始学了。

海蓝：怎么做老婆？

小君：先从说"对不起""谢谢你"开始，而且是由衷地说。然后，多去了解他需要我做什么。我不敢保证一定能做到，但我会尽量去做。

海蓝：你要真做不到告诉他为什么做不到，他会理解吗？

小君：他也会理解。他很愿意带着我去应酬的，我却活在自己的世界里。其实从这一方面就说明，他对我是很认可的。在这个过程中，我发现自己越来越能够用欣赏的眼光、崇拜的眼光去看待他；再就是心疼他，看着他不壮的身体，承担着这么多的责任和伤痛，走到现在真的是很了不起的。走到今天，也说明他很值得欣赏。

海蓝：对他的发火和指责，你现在感觉到的是啥？

小君：是因为我的很多行为导致他心里有很多的积怨，积在这里，压在这里，说不定什么时候他找到一个理由就往外发一下。我会理解他，而不会认为他就是故意拿刀戳我。

海蓝：当你真正从心底心疼他、关心他和欣赏他时，你估计他关于发火和指责的部分会怎么样？

小君：会越来越少。

海蓝：你确定？

小君：我确定，他现在已经越来越少了。

海蓝：想到你俩婚姻的未来，你的感受是什么？

小君：有一种感恩。来这里就是告诉我自己，也告诉他，我们可以向天地证明我们一定会白头到老。也是这样一个仪式。

海蓝：小刘，咱们今天聊到这儿，你感受到了啥？

小刘：我感受到了温暖。

海蓝：今天我们交流到现在的话，你的最大收获是啥？

小刘：她改变了，对自己的定位改变了。第二个就是，我觉得我们这种关系，通过面对面的这种梳理，有了信任的基础，都敞开心扉，把话说出来了。

海蓝：那你对你们未来的关系怎么看？再继续往下走，觉得会怎么样？

小刘：一如既往地好好地走，争取不发火，争取少发火。其实我也明白，发火也没有用，好多问题发火确实解决不了。

海蓝：你还有没有想说的？

小君：没有了吧。

海蓝：那你呢？

小刘：没有了，最后就是谢谢老师！

总　结
亲密关系就像双人舞，
不要只想自己想得到的

亲密关系就像双人舞，需要两个人共同的付出和努力。

不要只想自己想得到的，而是要让两个人都能在这段关系中得到滋养和绽放。

有句话说得好，爱不是一个名词，是一个动词。希望大家积极践行"三要三不要"，把自己的亲密关系好好经营起来。

如果生命只剩三个月，
你最想要什么
——幸福的五大要素

你是否一直放不下过去、担忧着未来，

又抱怨幸福在哪里？

如何与生命中的一切不如意和谐相处？

究竟什么才是真正的幸福？

一、到底什么才是你想要的幸福

掌握了如何处理负面情绪，就开启了通向幸福的大门

不知不觉课程已经接近尾声了，回顾前面的内容，我们相互陪伴，先后分享了关于发脾气、无价值感、选择障碍、社交焦虑、物质焦虑、担忧未来、怕被拒绝、如何寻爱、如何爱、如何面对失爱以及如何面对自卑 11 个主题，并介绍了一些具体的方法。

前面所有的内容都是在围绕"如何与各种负面情绪相处"进行讨论的，因为对我们生命造成最多困扰的，不是知识匮乏、技能缺乏、智力有限，而是和周围各种人关系的矛盾冲突所引发的负面情绪。我们掌握了如何处理负面情绪，就开启了通向幸福的大门。相信只要坚持践行，这些方法一定能帮助大家拥有更加幸福的生活！

在最后一堂课，我们一起来探讨什么才是人生真正的幸福。

现代社会大家都觉得很忙，忙工作、忙升职、忙赚钱、忙各种应酬、忙孩子上学；而所有人不管做什么，都在以不同的方式

靠近自己理想的幸福。那么亲爱的,你有没有停下来问过自己,到底什么才是自己想要的幸福?在每日的忙碌之后,你是离幸福更近还是更远了呢?可能很多人并没有深入思考过这个问题!

什么是幸福

男生:在大学的时候就觉得,幸福是每天和宿舍的人一起打打闹闹。现在对我来说,我觉得幸福就是能够天天见到家人,陪陪父母,然后吃一碗母亲做的手擀面。这就是让我觉得超级幸福的事情。

女生A:我觉得幸福就是工资可以多一点儿,然后可以少加点儿班,还有假期多一点儿。

女生B:我觉得幸福很简单,就是不用考虑太多,享受那种内心的平静,这对我来说就是幸福。

女生C:我觉得幸福是一种能力吧!就是一种让人感到满足、愉悦、快乐的能力。

女生D:我的幸福比较简单,就是生活规律一些,工作可以做好。然后生活也可以有自己的时间,跟家人在一起。

女生E:我觉得幸福就是一种感觉,就是你觉得很快乐的感觉,那就是幸福了。

哪些事让我们感到幸福

男生:刚从大巴车上下来,到了我们小县城的车站,然后母亲给我打电话，问我到哪儿啦。我说，已经下车了，到咱们县城了，马上十几分钟就到家了。然后我妈说，好，现在赶紧给你下面条。回去之后母亲盛了一大盆我最喜欢吃的她擀的手擀面。当时特别满足，就是吃完之后感觉当时真是太幸福了。

女生Ａ：今年最幸福的事就是给爸妈买机票的时候。他们要从合肥回到包头，他们本来要买火车票，因为怕我花钱太多，然后我查火车票的时候发现卧铺都没有了，全是硬座和无座。当时我就说不行，让他们坐二十多个小时肯定受不了，我就给他们买了机票。虽然钱花得多一点儿，但还是挺有成就感的，觉得自己钱挣得不多，但是能把钱花在父母身上是挺幸福的。

女生Ｂ：现在说起幸福两个字，我脑海浮现的第一个画面就是，上大学的时候和我最好的朋友一起坐在操场的看台上。当时是黄昏，我俩都不说话，就静静地看着操场跑道上那些跑步的同学，还有带小孩过来玩儿的一家人。那个时候有好朋友的陪伴，还有这种美景和放松的心情，我觉得特别幸福。

女生Ｃ：每天如果我能够完成自己的工作，然后在工作中有一点儿小小的收获，我能感知到自己的这种小进步，我觉得这种感觉特别幸福。

女生Ｄ：让我幸福的事情就是跟外公在一起。

女生Ｅ：一周七天上完五天班之后，周末的时候跟男朋友一起去菜市场买菜，然后回来我们一起做饭，他是主厨我帮他打下手。等饭做完了之后，我们两个人在餐桌旁一起吃饭的那个场景，那个当下的时刻，我觉得还挺幸福的。

二、幸福分五种——愉悦的感受、成就感、做喜欢并擅长的事、温暖而持久的亲密关系、帮助他人

每个人对于幸福都有自己的理解，我们询问了一些年轻人对于幸福的认识理解，答案各不相同。我相信所有人都有一个关于幸福的终极命题。到底什么才是真正的幸福？它到底在哪里呢？到底如何才能得到呢？

"积极心理学家"马丁·赛利格曼在《持续的幸福》一书中提出，人的幸福有五大关键要素：愉悦的感受、成就感、做喜欢并擅长的事、温暖而持久的亲密关系、帮助他人。

下面我们重点来谈谈这五个幸福要素。

第一种幸福：愉悦的感受

情景一：

女生 A：老师，为什么我不开心的时候总想买买买？买买买为

什么能让我那么高兴？

海蓝：一般来说买什么东西是最让你开心的？

女生A：买新衣服，买化妆品。

海蓝：你高兴了多久？

女生A：可能就是穿个一两次。

海蓝：我买件新衣服也非常高兴，买一样我特别喜欢的东西，也会非常开心。那么你刚才说的就是幸福的其中一种要素——感官愉悦。感官愉悦的特点，你刚才已经回答了，它的一个特别大的特点就是虽然你会非常愉悦，但是你的这种愉悦的时间就像你买件衣服，过两天就没有什么感觉了。

我记得有一个帅哥，以前他的家境非常贫寒，他总觉得要是有一辆特别好的车，别人就能看得起他。大概花了五年的时间，他终于买了一辆宝马车。买完车以后他开着这辆车觉得非常自豪，可是他发现其实也没什么人注意到他，甚至还有朋友看到他以后问他开的谁的车，觉得他不太像一个能够拥有宝马车的人。

物质带来的愉悦是真实的，像买新衣服一样，但是这种愉悦在我们生活中究竟占多大比例呢？从你的角度来讲，你要想想看我这一个月工资买上十几件衣服，一件就穿一两回对不对？十来件衣服都不够你高兴这一个月的。

女生A：对，可能就是上班看见同事时希望他们夸我一两句，他们觉得好看，我就比较满足了。

海蓝：实际上同事夸你带来的愉悦也很少。这样算的话，你其实高兴的时刻集中起来有几小时？一件衣服能让你高兴几分钟？再想想看。

女生Ａ：不到半小时。

海蓝：一件不到半小时，那十件衣服合起来一共是多长时间呢？

女生Ａ：五小时。

海蓝：你这一个月工资就换来不到五小时的快乐。

女生Ａ：很多衣服我可能刚开始觉得很好看，后面又觉得不好看了。

海蓝：所以可能连五小时都没有？

女生Ａ：对。

海蓝：你上淘宝花的时间在你生命当中将永不复返。所以我们到底把时间用在什么地方，这非常重要。买买买是很开心，开心是非常重要的，但是不是值得花那么多时间和精力呢？

女生Ａ：明白了。

情景二：

男生：海蓝老师，是这样，我们经常会有一种感觉，比如很想要一台苹果电脑，那就拼命地去攒钱，可能攒了整整半年的时间，终于有闲钱了，把这个电脑买了。可是你就高兴个两三天之后，马上有一种很强烈的空虚感。一下子这种愉悦感就没有了，不能够很好地持续下去，这是什么原因？

海蓝：你的这种感受，其实和很多人的感受非常相近。因为一个愉悦的东西，就像我们的视觉、听觉、触觉、嗅觉、味觉，包括性，其实都属于感官愉悦范畴；所有感官愉悦全是这样，用新鲜感来抓取我们，可是新鲜的东西是不可能一直新鲜下去的，它本身的性质就决定它比较短暂。像我特别喜欢吃，不知道你们爱不爱吃，什么东西是你最爱吃的？

男生：海鲜。

海蓝：你最喜欢吃啥海鲜？

男生：比如说螃蟹。

海蓝：你大概一顿能吃几个螃蟹？

男生：撑死就七八个。

海蓝：吃第一个的时候，你感觉怎么样？

男生：爽，特别爽。

海蓝：爽吗？那吃第五个的时候呢？

男生：就有点儿腻味了。有点腻了。

海蓝：给你弄上二十个呢？

男生：那估计就消化不良了。

海蓝：而且不仅消化不良，你看着都觉得恶心了，是不是？所以我觉得我们感官的愉悦有一个特点——它的新鲜感非常短暂，而且再多了以后，你就没有愉悦的感觉了，甚至会觉得恶心。

我知道有很多的企业家经常说这么一句话：我什么都有了，但我就是没有幸福的感觉。所以物质所带来的幸福感受，特点就是寻求新鲜感，而且是短暂的，是不能持续的。知道这一点非常重要。就像你说的买苹果电脑，虽然买回来以后不是特别兴奋了，但是它至少对你的工作很有帮助，因为它是一个工具，它还是有实用价值的。像女生A说的买衣服，其实不是满足一种需求，而是满足一种欲望，而欲望是无止境的。

物质给我们带来的最大诱惑，就是我们想得到一个，然后又想得到一个，因为对物质感官来讲，它需要有新鲜感；而对于很多人来讲，这其实变成了一种很沉重的负担。像有个买宝马车的人一样，他花了五年时间成天吃方便面，所得到的愉悦感其实也就两星期。

所以我觉得开宝马不是问题，你买十件衣服本身也没错，你愿意买一千件也可以，关键是是否值得。因为生命是无价的，时间过去了就永远不会再来。那该如何来安排我们的时间？到底我们的时间花在什么地方，才能给我们带来长长久久的幸福？我觉得这个可能是我们需要思考和讨论的部分。

从上面的探讨我们可以看出，作为幸福要素之一的愉悦带给人的感受有以下几个特征：

第一，看到具体物质就想立即拥有；

第二，愉悦感持续时间非常短暂；

第三，多了就会毫无感觉，甚至厌恶。

请记住，物质一旦被自己拥有，它带给人的幸福感就开始减弱，而且持续愉悦的时间非常短暂。

生命的真相就是不管你拥有什么，拥有多少，都会很快感到空虚无聊，像是一个永远填不满的无底洞，所以才有欲壑难填之说。这也就是为什么很多成功人士会说，我什么都有了，就是没有幸福的感觉。

当然要想生活幸福，不能没有物质，感官愉悦也非常重要，关键是要知道在生活中占多大比率、花多少时间和精力获得感官的愉悦才是值得的。

第二种幸福：成就感

男生：海蓝老师，我有一个疑问，从小到大，如果受到别人的羡慕、欣赏，比如你考上了大学，工作找得怎么样，你慢慢就会变得越来越在乎别人的看法，想要去跟别人攀比；在攀比中你觉得自己活得特别累，感觉自己越来越要面子，但是又没办法破除这个障碍。

海蓝：其实每个人或多或少都是要面子的。在什么时候它会变成一种障碍呢？当你把面子作为你唯一重要的东西而引发焦虑、恐慌的时候，它就成了你的障碍。因为你总是在担心，万一这件事没有做好的话，别人会怎么看你，别人会不会笑话你？但是你有没有想过，你究竟希望得到谁的认同和好感呢？

男生：这个我还真没有仔细想过，没想过希望得到谁的认同。

海蓝：所以最可怕的就是，很多人从来没有想过这个问题。我曾经有一个朋友，他觉得要是做不好工作的话，全世界都会看不起他。我说，你什么时候变成世界明星了，我们都不知道。我又说，你是明星吗？哪国明星？他就开始笑。

后来我问他有多少人可能会看不起他，他说好几千吧。我又说，你能不能再好好想想，这几千人都是什么人？小学同学、中学同学、高中同学、大学同学、研究生同学、同事、领导和亲戚朋友全部加起来。他后来算了算，其实除了这些同学也没有其他人了。我说那些同学都知道你叫啥吗？他们都还记着你，成天惦记你今天在干啥，做得怎么样？后来他想了想觉得也不是。最后你知道他心里剩了几个人吗？就剩十几个人了。我又问他，这十几个人当中你最在乎谁怎么看你？到最后实际上就剩下最重要的两个人了。我就问他，可能看不起你的人从全世界变成两个人，你是什么感觉？他觉得内心一下就轻松很多。说实在的，我觉得可能除了自己特别在乎的那几个人以外，估计你周围真没几个人在乎你。想想你们自己，就一天来说，24个小时中，你一般想谁的事情想得比较多？

女生B：自己的事。

海蓝：如果用百分比来形容，你大概一天有多少时间在想自己的事？

女生B：80%。

海蓝：那剩下的20%在想谁的事？

女生B：只会想我对接的那个同事的工作，他做好了没有？

海蓝：如果他跟你没关系还会想他吗？

女生B：不会。

海蓝：其实我们担心别人怎么看我们真的是挺把自己当根葱的，真没有人想你的事。我们其实没有时间想别人的事，基本上是在想自己的事。所以当你知道这个道理后，你心里感觉怎么样了？

女生B：就放松了。

海蓝：埋头把自己的事做好就是了。要把一件事做好的这种感觉还是要有的。但是我们很多人逆水行舟，不辞劳苦，就是希望能够得到别人的认同。以这个为驱动的话，其实会给自己带来很重的负担。因为此时驱动你的不是内在因素——自己愿意做这件事情，而是外在因素——希望得到认同；而希望得到认同本身，说明你对自己不够确信。

当你对自己不够确信的时候，你才希望得到外面的掌声和鲜花，得到更多外面的肯定和鼓励。好多人说自己一辈子都是为别人而活，等到最后退休的时候觉得非常心酸。有一个特别好的例子，就是我的导师郭秉宽教授，他是中国眼科之父，是最早去奥地利留学的（奥地利是世界眼科发源之地），他还曾是上海第一医学院眼科研究所所长，编写了我们国家的第一本《眼科学》。从专业方面来讲，这些成就，应该是一个人一生都很难达到的高度。

当我成为他的学生之后，我曾问过郭老，我说您这一生这么辉煌，您的感受是什么？他说，他这一生忙忙碌碌，没啥意思，让我非常震撼。他的回答让我第一次真正开始思考和探索自己人生的方向。成就感本身是没有问题的，但是我们追求它到底为了什么，这一点我们自己要搞清楚。

我再举一个巴菲特和比尔·盖茨的例子。我认为他们都取得了很多成就，但是他们同时也是非常享受这个过程的。所以，这个和专门追求成就感是不同的。我相信他们追求这个事儿，不是为了要得到多少掌声和鲜花，而是自己非常愿意做这件事，非常喜欢做这件事。这样就引出了我们的第三个话题——究竟什么能给我们带来比较长久的幸福。

为什么那么多人忙着五子登科而忽略了其他，我认为核心原因是：

第一，不知道自己究竟想要什么，所以就随大流，想要的东西特别多；

第二，对自己不确信，急于寻求外界的认同和肯定。

这种以获取他人认同和肯定为目的的成就有两个特点：第一是得不偿失。有的人为了追求成就感，失去了健康，失去了陪伴家人的温情，让自己疲惫不堪。在生命的最后，这些人的感悟是过往的生活真不值，只是遗憾人生不能从头再来。

二是稍纵即逝。不管你得到了什么——什么样的位子，多少钱，多少功名，一旦拥有后，喜悦都不会持久。就像你多年努力，等真正升职了又高兴了多久呢？

追求成功、成就本身不是问题，问题在于在追求成功的路上，你是不是清晰地知道自己究竟想要什么。是内心笃定地做自己认为有意义的事，还是寻求外界的认同来获得成就感？

第三种幸福：做喜欢并擅长的事

男生：海蓝老师，我也一直在想一个问题，就是对于幸福的理解。我每天睁开眼的时候，不会排斥上班，我觉得这个对我来说可能是人生最大的幸福。有人可能会说一个男生应该有更大的野心，比如说你可能要通向财富自由，你可能要赚很多的钱……但我没有那么大的野心，我就是希望自己喜欢这个工作，然后把它做好。

海蓝：我觉得你之所以问这个问题，是因为你周围很多人每到周一要上班的时候就有点儿抵触，不想去上班。所以你有点儿怀疑，我是不是有点儿问题？为什么别人不爱上班？为什么我这么爱上班？是不是有这样的感觉？

男生：是。

海蓝：其实一个人想要拥有最长久的幸福，就是喜欢你正在做的事。其实喜欢一件自己正在做的事，比如你喜欢上班，每天上班都满怀期待，我觉得这个幸福应该在所有幸福当中是排在第一位的。你知道为什么吗？因为我们每个人每一天都是 24 小时。上天在很多事上可能是不公平的，但在这件事上绝对公平，不管你是有钱人还是没钱的，你的每天都有 24 小时。24 小时中除了 8 小时睡觉以外，其余的时间 70% 都是用来工作的，是不是？如果醒来的时间有 70% 你都很高兴的话，你估计会怎么样？

男生：挺开心的，挺充实的。

海蓝：所以如果做一份自己特别喜欢的工作，每天早晨起来以后，哪怕是周一的早晨，睁开眼想到的是对工作的期待而不是满怀的抵触情绪，我觉得这真是一个莫大的幸福。而你这么年轻就开始有这种感受，我觉得你真的要为自己自豪。

女生 A：我家是湖北的，现在我在北京，而我的父母希望我回家跟他们待在一起，还建议我去考公务员。可是我觉得公务员这种工作一成不变，我不太想回去。老师，我应该怎么办？

海蓝：首先要知道大多数父母肯定是为自己的孩子好，所以从这个意义上来讲，我们要理解父母。另外，我觉得很多人对铁饭碗有特别深的误解，比如做公务员，很多父母认为在现在这个年代，这就是最好的铁饭碗。但事实上是这么回事吗？前些年公务员可能还算是铁饭碗，但现在公务员也在大量裁员。

我记得曾经还有一段时间，大家都特别喜欢去外企工作。我当时受一家企业——都不止世界 500 强了，大概是前 100 强——的邀请帮他们处理一件事：因为企业重组，所以要砍掉一个部门。这个部门大概有四五十人，我在跟他们交流的过程中得知，其实他们当时的想法就是，因为自己在世界 100 强的公司，所以可以安稳地度过一生。结果没想到在四五十岁的时候，安稳的生活戛然而止，这个现实他们其实是无法接受的。

那什么是真正的铁饭碗？我觉得铁饭碗不是外界给你的东西，比如进入公务员体系，或者进入一个业绩非常好的公司或者外企，这都是外在的因素；真正的铁饭碗是做一件自己喜欢并擅长的事。你想想看，假如你是老板，你喜欢雇用哪种人？一种是不得不来上班，就想朝九晚五，到点儿下班，挣点儿钱就回去的；另一种是特别喜欢这份工作，也不计报酬，干多少都毫无怨言，还能从工作中找到乐趣的。

女生 A：肯定是后者。

海蓝：对于这种人来说，他做的工作是自己喜欢又擅长的，结果会是啥？

女生 A：他干得特别好。

海蓝：老板如果要给员工提职加薪，一般首先会考虑谁？

女生 A：那种很喜欢这份工作，并且做得特别好的人。

海蓝：那真正的铁饭碗是啥？

女生 A：做自己喜欢并擅长的事。

海蓝：是的。我们的父母有时候不知道这一点，因为他们中很多人这一辈子就是过着那种赶快找个工作，找一个单位，然后在这个单位一直干到退休，也不用换地方的生活。上一代大概是这样，只要你不换地方的话，这辈子可以在这儿一直工作下去。但是现在这个年代已经越来越不一样，首先是那种可以一待一辈子的地方越来越少；就算存在的话，很多人等到最后也会觉得很后悔，一辈子没有去尝试自己的梦想，没有做自己喜欢做的事。人这一辈子清醒的时间中70% 在工作，如果你做了一份自己不喜欢的工作，就等于这一生都在做不情不愿或者没什么兴趣的事，那这一辈子会怎么样？

女生Ａ：不开心。

课堂小贴士

实际上当今社会日新月异，一成不变的"稳定"工作是不存在的，而真正的铁饭碗应该具备这样几个特点：

（1）做自己喜欢的事。只有做自己喜欢的事才会特别投入，为它无条件地付出。

（2）做自己擅长的事。鹰自然会飞，兔子自然会跑，如果让鹰跑步、兔子去飞会是什么情况呢？只有做擅长的事才会有创意、有灵感，才会做得好。

（3）做自己真正喜欢和擅长的事情能够为他人所需，还能够改善他人生活或帮助他人消除痛苦等。

做自己真正喜欢和擅长的事情，你就会长久地沉浸在忘我的喜悦当中，会有发自内心的踏实和充实。这种幸福是一切物质形式都无法替代的。

当然，并不是你的任何喜好都会有人为你买单。比如有人喜欢打游戏，如果你能达到靠打游戏维持自己生存的程度，那也无可非议；但如果达不到这个程度，那你打游戏就变成了一种消耗，最后只会让你因虚度光阴而感到无比悔恨。这时，你就是在用自己的人生为自己的喜好买单。

所以，我们在做真正喜欢和擅长的事情时，还应该考虑这件事对他人是否同样具有积极意义。只有这样，当你全心投入并做得很好的时候，收入高也就成了自然而然的结果；如果能做到极致，那更是大有裨益。

第四种幸福：温暖而持久的亲密关系

女生B：海蓝老师，人一定得有亲密关系吗？我说的亲密关系就是指你跟另一半的关系。如果我没有亲密关系，那我就不能拥有幸福了吗？

海蓝：我觉得亲密关系倒不一定是一个伴侣或者一个恋人，但至少是跟我们关系很亲密的人，可能是外公，也可能是姨母、姑姑、爱人或者非常要好的朋友。哈佛做过一个七十年的跟踪调查：影响个人健康和幸福的决定要素中，最重要的是什么？最后的结论是：亲密关系。

亲密关系对于我们的幸福感受非常重要，它是使人感受到长久幸福的第二大核心要素。但是在我看来，这种关系不一定非得是和伴侣之间的关系。当然在我们现在的文化中，伴侣会比较合适，因为有伴侣就会有下一代，有下一代才会有外公，有父母，有爱人，也有孩子，这样我们整个人生体验就会非常丰富。

我呢，还算是有一定成就的女性，我这一生最有成就感和最让我幸福的一件事，不是我做的任何事，而是我有女儿。女儿给我带来的幸福和快乐，可以说没有任何事情可以替代。我个人认为做妈妈是一件特别幸福的事，但不代表所有人都要像我一样。我只是说，我们生而为人，亲密关系对我们来讲非常重要。

不同的人会有各种各样不同的需求，但有一项科学研究发现，在半夜一点钟的时候，如果你有事情需要帮忙，你给一个人打电话，他能不能马上到你身边，这其实也是一个非常重要的指标。虽然不一定必须是爱人，但你有没有这样的朋友，无论何时，你打电话说现在需要他马上过来，他无论在任何地方都会马上赶火车、赶飞机来到你身边？我觉得这点非常重要，它能够鉴定我们生命中到底有没有特别亲密的关系。

女生A：老师，我想问一个问题。现在我跟我男朋友还没有结婚，请问如何才能让他在结婚之后永远爱我，永远只爱我一个人，并且越来越爱我？

海蓝：我觉得这个人是存在的，不仅现在爱你，将来爱你，而且会越来越爱你，甚至会为你发狂。你知道这个人是谁吗？这个人是你自己。这个答案其实和你的问题也不矛盾。你想想看，有这样一个人，他每天都像个快乐的发动机，总是非常开心，对一切都非常满意，而且他永远都是这样的状态，你会不会愿意跟他永远在一起？

女生Ａ：会。

海蓝：其实我已经间接回答你的问题了。

女生Ａ：我要让他开心，他才会离不开我，是吗？

海蓝：你要让他开心的话，就变成你讨好他了。一个讨好的人，整天想方设法地让你开心，甚至会委曲求全，你愿不愿意跟这样的人在一起？

女生Ａ：不愿意，因为他会特别累。他累的话可能会把这种情绪带给我，我也会觉得累。

海蓝：那你觉得使自己一直开心下去的方式是啥？

女生Ａ：好像是我开心，是吗？

海蓝：是的，如果你总是很开心，你觉得他会在你身边吗？

女生Ａ：如果是那样，任何跟你在一起的人，都会很开心，也离不开你。

海蓝：你这么开心不仅会吸引他，还会怎么样？

女生Ａ：吸引更多人吗？

海蓝：那你还担心他不会一直爱你吗？

女生Ａ：他肯定会爱我的。我明白了。那我从今天开始就不要再琢磨怎么让对方离不开我，而是要让自己保持一个好的状态，一直都很开心，那对方就会感受到我的气场，他也会享受这种状态，就离不开我了。

在这里我想特别说明的是，**亲密关系不仅仅指伴侣关系，如果有一个人能在你特别需要的时候愿意挺身而出支持你、帮助你、温暖你，无论他是你的朋友、亲人还是你的爱人，都在亲密关系范畴之内。**

最简单的辨别方式是，当你在凌晨一点钟给这个人打电话倾诉你的痛苦时，他是否会接听，甚至愿意赶来帮助你？听到这个题目，如果你的心里不止蹦出了一个名字，那么恭喜你，你拥有幸福的重要来源！正是这种温暖而持久的确定感，可以带给你稳定的幸福感，这样的亲密关系也值得你更多地珍惜与付出。

除了亲密关系之外，还有一种更高层次的，每个人每天都可以去经营的幸福，那就是幸福的第五要素——帮助他人。

第五种幸福：帮助他人

女生 A：老师，帮助他人就是帮助自己，这句话怎么理解呢？

海蓝：因为人一旦离开群体是难以存活的。在远古的时候，你不可能一个人去打猎，你如果能够帮助同伴，同伴也会帮助你，这就大大提高了生存概率。而从幸福的角度来讲，其实助人是一件让我们能够从中得到快乐的事。

最大的助己是助人，其实我们利人也就是利己。很多人都说，汶川地震的时候海蓝老师带着全家来到一个条件那么艰苦的地方，还把女儿从美国带到一个地震灾区去上学，很多人对此不理解。但实际上，我并不认为那三年是艰苦的，反而觉得那三年对我的生命是一个特别大的淬炼。

在汶川的那三年，我成长了很多，也见证了很多生命的改变。在那么艰苦的条件下——一夜之间家人没有了，房屋也没有了，什么都没有了，还能够生存，我看到了人顽强的生存能力。当我帮助了失去孩子的父母，或者一些灾民的时候，那种助人过程中带来的一种成就感或者满足感、踏实感，我觉得其实是金钱换不来的。所以助人是一个能够让你感到幸福的特别重要的因素。包括我们（海蓝幸福家）现在做的幸福事业，我觉得每当看到一个人放下过去的伤痛，脸上绽放出笑容的时候，你所体会到的这种愉悦，不是通过买买买或者在淘宝能淘来的。

男生：海蓝老师，我的疑问是，我们经常想要帮助别人，但是我觉得自己的人生还有很多的问题，用一句俗语说，就是泥菩萨过江自身难保。我哪里还有精力、动力去帮助别人呢？这时候该怎么转变我的这种想法呢？

海蓝：你觉得怎么样才叫帮助别人呢？

男生：就是我要为他花费精力，我要去帮他解决问题。但是我自己的问题还没解决好，凡事有个先来后到，可能我得先解决自己的问题才能去帮助别人。

海蓝：但是我觉得其实帮助他人的范围是非常广的，不一定要帮他解决实际问题。而且，我们能帮助别人解决的问题也非常有限，人最终还是要自己解决自己的问题的。

那我所说的帮助他人究竟指的是什么呢？比如在上车时比较挤，我们是否能够让别人先上呢？我们在排队时看到有的人非常着急，是不是就让他们先插进来呢？又或者你是否能给别人一个真诚的微笑呢？这些事情，其实都不需要你花很多时间跟精力。我们不是必须把助人放在一个特别大的层面上，非得要花个几千几万块钱或者花几个月几年的时间才算助人，而是我们能做什么就做什么。我觉得我们能给人好的脸色，跟同事、家人、朋友在一起说话能够语气比较和善，从这种小事做起就可以了。

事实上，这样的帮助其具有的意义也是非常巨大的。我们总想成为一个特别大的英雄，觉得那才是助人。其实不是。当你在赶电梯的时候里面探出个脑袋说："小伙子你别着急，我给你按着呢！"你当时的感觉是什么？

男生：特别温暖。

海蓝：这种温暖，我们随时随地，不管有没有钱，是不是泥菩萨，其实都可以给予他人。

印度有句古老的谚语：真正的幸福里一定有让他人快乐的成分。而我认为世界上的人可以分为以下几个层次：

（1）损人不利己；

（2）损人利己；

（3）不损人利己；

（4）利人利己；

（5）舍己为人。

其实根本就没有损人利己的事，损人的早晚会损己；而世界上最高级别的利己，其实就是帮助他人。

帮助人可以明显提高自己的幸福感，知道为什么吗？

第一，帮助他人可以影响或改变你对自己的认识，让你觉得自己是一个有同情心、乐于助人的人，进而能够提高自我价值感。

第二，助人者会得到赞扬、肯定和认可，而被认可是人除了安全需求之外的最大需求，甚至对于一些安全感缺乏的人来说，被认可是他们的第一需求。

第三，助人会使你不自觉地提高个人能力、觉察和修养，也会使你有机会拓展资源和提高专业能力，你的路也会越来越宽。甚至有科学研究已经证明，助人可以提高健康指数。

美国耶鲁大学和加州大学合作研究了"社会关系如何影响人的死亡率"这一课题。研究者随机抽取了 7000 人进行了长达 9 年的跟踪调查，统计研究发现，乐于助人且与他人相处融洽的人，其健康和寿命明显优于常心怀恶意、心胸狭隘、损人利己的人，而且后者的死亡率比正常人高出 1.5~2 倍。

生命说到底是一场体验，是一场绽放自己、丰富自己的体验，而在帮助别人的体验中最容易收获充实和幸福。

总　结
幸福，就是与一切不如意和平相处的能力

以上就是我们这堂课关于什么是幸福的探讨内容。

在 12 堂情绪梳理课中，我们相伴共同探讨了情绪管理，开启了幸福人生的大门。我想到现在大家可能已经明白了，幸福不仅仅是得到了想要的东西，更重要的是具备一种放下过去、不忧未来、感受当下的能力，是学会与一切不如意和平相处的能力。人生十有八九不如意，而情绪管理是通向与各种不如意和平共处的必要途径。

现代医学越来越多地证明了，人的疾病与负面情绪关系密切，管好情绪不但和幸福相关，还和健康相关。因此，选择来学习这样一门课程，我们在人群当中已经是非常智慧、非常领先了。

人生唯一只涨不跌的投资，就是对自己学习的投资。恭喜你做了一个智慧的决定，选择学习这个课程。我相信，这 12 堂课虽然内容有限，但一定能够给大家播下一颗主动经营幸福、主动学习如何幸福的种子。随着这颗小种子的发芽、长大，你一定会在幸福的大道上越来越靠近理想的生活，深深地祝福你！

延伸阅读一
幸福，就是做自己喜欢的事

关紫鹃

海蓝博士第 43 位静修生

海蓝幸福家全项教练

全球静观自我关怀中心正式老师

中国心理卫生协会会员

国家二级心理咨询师

国家二级婚姻家庭咨询师

工商管理硕士

简介：十余年国有银行信贷计划管理经验，新材料领域高科技企业创始人之一；2013 年跟随海蓝博士学习，曾在四川地震后两度随海蓝博士亲赴雅安为灾区儿童提供心理援助，此后解放了内心，实现了人生跨越式转折；2015 年经考核成为幸福家全项教练；2016 年公司上市后退出企业具体管理，全职致力于幸福家全项教练。

一个人真正的成功就是内心宁静，与人和谐

我追随海蓝老师学习，是被老师微博上的一句话打动了，她说："一个人真正的成功就是内心的宁静，还有与人的和谐。"

当时，我是一个家族企业的管理者，当时企业正处于鼎盛时期，而我却身心俱疲，怎么也找不到内心的宁静。

为什么疲惫？我找不到原因。

我跟随海蓝老师上的第一节课是自我探索，当我真正回到自己的内心，开始探索自己到底喜欢什么，到底想要什么的时候，我才明白自己为什么疲惫。因为，我在自己不喜欢的事上拼了。

虽然不喜欢这件事，但我觉得有责任和义务去做好，就这样一拼好多年。当企业到达鼎盛时期后，我的身心放松下来，就开始觉得疲惫不堪。

两次亲临地震灾区，我找到了自己真正喜欢做的事

那么，到底什么是我喜欢做的事？有一段经历改写了我的人生。

2013 年 4 月 20 日，雅安地震发生时，我正好在上课，海蓝老师在课堂上说，她对汶川有特殊的情结，这次要去雅安，在场要是有人愿意一起去的话也可以报名。

讲台下，我的手举得比什么时候都高，就这样被选中参与那次去雅安的危机干预。

我跟随老师去了两次地震灾区。

我们当时驻扎在雅安县思源乡的思源中学，这个学校集小学、初中、高中于一体，有八百多个孩子。

那期间，我们对这些孩子做了一个统计——灾后是否有过自杀想法。

结果出来后，有过自杀想法的孩子有两百多，然后我们一一去回访这些孩子，问他们为什么有自杀的念头，回访的结果让我们非常意外。

因为当时我们有一个预设，认为孩子们想自杀的原因可能是房子塌了，家人离世了，然后他们不想活了。

但实际上，两百多个孩子中，只有为数不多的几个（大概3%）是因为家人朋友离世才产生自杀想法的。

大概97%的孩子，小到七八岁，大到十七八岁，他们的"想过死"跟地震没有一点儿关系。

那么究竟跟什么有关系？更多的时候是与"关系"有关系。

什么关系？自己和家长的关系，自己和同学的关系，自己和老师的关系，家长之间的关系，还有家长和家长的长辈之间的关系……

总结下来，都是关系上的问题，最终导致孩子们想自杀。

之前，我从来没有接触过小孩的内心世界，当这些数据和事实呈现在面前时，我真的傻掉了。

给我留下最深印象的是一个八九岁的小男孩，长得很漂亮，脏兮兮的小花脸抹着一道一道的手指印。他上树爬上墙头看我在工作室工作。我叫他进屋。我知道这个小孩，他也是"想过自杀"的一个孩子。

刚坐到我面前，他就哭了，我问他为什么哭。出于一些顾虑，我很担心直接问原因会让他再次有那种不好的想法。

他说，爸爸妈妈都在外地打工，他和爷爷一起生活。每天上学，他要翻过一座山，再蹚过一条小河。有一天上学的路上，他被摩托车撞了。后来骑摩托的人和爷爷一起带着他去医院检查，结果没查出什么问题，也没看到外伤，爷爷就说："那就去上学吧。"他知道自己嘴里有颗牙坏了，虽然没有出血，但是很疼。但是爷爷却让他去上学。

说到这里，他就痛哭流涕，说一想到爷爷让他当时去上学，就非常难过，觉得没有人关心他。

那一瞬间，我还没有反应过来："爷爷让你上学，你为啥觉得难过？"

他一边哭一边说："如果是爸爸妈妈在家，就不会让我上学。就会问：你还有哪儿疼？但是爷爷只是让我上学，我还很害怕呢。没人关心我，爸爸妈妈也不爱我，把我扔到这儿，我就想死了……"

我带着一份好奇和怜爱问："爷爷知不知道你的牙坏了？你牙疼，有没有跟爷爷说？"

听到这句话，小孩抬起满是眼泪的小脸，突然间恍然大悟："没有啊。我没有跟爷爷说，所以爷爷才让我去上学，不怪爷爷，其实爷爷还是很爱我。"

本来满是痛苦的小脸，立马雨过天晴，无比灿烂。

没想到我的一句话，就拨开了孩子心上笼罩已久的乌云。

这件事让我感受到一个人内心的需求，包括关系、情绪对人的影响。

在灾区的工作经历，彻底改写了我的人生，我发现：自己完全可以做这样一件非常有益的事情。

我能帮助大家真正地看到自己、发现自己、了解自己，也能教更多人如何满足内在真正的需求。

当一个人内在的需求得到满足，他的内在就和谐了，那么他的外部世界也就和谐了，他的人生随之就会被改写。

我的职业选择，不光是我一个人的选择，也牵涉到我的家族。

我是家族企业的管理者，公司上市之后工作越来越多，周围的人没有一个理解我，都说："你疯了，放着企业不管，放着清闲的事不做，去帮别人，你有病吧。"

如果说周围人的不理解丝毫没有动摇我，这不完全属实，我是有过动摇的瞬间，但是很快我就能完全说服自己，因为我知道这是我真正喜欢的，而且是真正擅长的。

从 2013 年至今，我在海蓝幸福家学习，成为海蓝幸福家的全项教练，这是一个机遇，也是一份恩赐。

就好像是上天想借助我的眼，借助我的口，借助我的心，让我把他的美意和爱传递给遇到的每一个人。

延伸阅读二
从静观练习中，享受感官愉悦

海燕
海蓝博士第 17 位静修生
海蓝幸福家全项教练
海蓝幸福家教育总监
全球静观自我关怀中心正式老师
国家开放大学合作老师
国家二级心理咨询师
简介：19 年世界 500 强金融行业企业培训管理经验。2012 年
8 月参加海蓝博士静修生学习，在三年的学习探索中找
到了一生的使命，2015 年 11 月毅然辞职加入海蓝幸福
家共创幸福事业，经实习考核成为海蓝幸福家全项教
练，并担任教育部总监。

如何创建感官愉悦的幸福

本课中，海蓝博士给大家讲了幸福的五要素，为了让大家有
一个更好的体验，我们先来做一个静观——对此时此刻的觉知与接
纳，看见自己本来的样子，然后不带任何评判地接纳真正的自己。

以下为静观引导词：

请大家闭上眼睛，做一个深呼吸，把春天万物复苏的喜悦和活力带到我们的身体里，把所有你不想要的情绪呼出去。感受到随着吸气呼气，身体放松下来的感觉。

首先让我们花一点时间听听周围环境中的声音。让声音来找你。注意在倾听时，一个声音接着一个来，你接收到之后，可以在心中微微点头，不需要对听到的声音命名。感受一下，听到了一个声音，又一个声音。

好，现在请睁开眼睛，允许眼睛用一个温柔的、广阔的视角去看。同样的，你目光落在哪里，便看着那里的事物，让画面一个接着一个来，只是去看，不用命名。就像你第一次注视它一样。

好，请再一次闭上眼睛，注意当你的身体碰触椅子、垫子或地板时的感觉。不去做判断，只是静静地感受它。

静静地留意此时身体与内心的感受，允许自己感受你所感受到的一切。

好，我们可以深深地吸气呼气，慢慢地睁开眼睛回到当下。把我们刚才的感受留在我们的心里。

刚才我带大家做了一个简短的静观练习，就是为了打开我们的感官，静静地感受周围的一切，包括自己。不带任何评判地觉知、接纳。

一般来说，我们的感官分为五个方面：味觉、视觉、听觉、嗅觉和触觉，当我们看到、听到、嗅到、感到、抚摸到美好的事物时，我们会心生喜悦，会产生深深的幸福感受。这个幸福的来源是我们天生的资源，也是最容易获得的幸福来源。

但当我们焦虑时，经常会忘记这个通道。确实，在现在快节奏的社会拥有这种感觉并不容易，相对来说，古人比我们现代人的感官要灵敏得多。

比如在过去，各节气变化时，人的身体会敏感地感知到——老人们经常说这几天要变天了，因为身体已经给出了信号。

而现代人出门前要看温度是多少，完全需要大脑的判断，对身体的感知与使用弱了许多。我们吃饭时看着手机，与朋友聊天时看着手机，走路时也开着各种 App；我们生怕错过什么，把自己的头脑占得满满的没有一点空间，留给我们身体感官的闲暇时间也是非常少的。

幸福的第一项能力，就是打开感官去感受幸福

在学习成长的六年中，我学到的第一项幸福的能力就是打开感官去感受幸福，真正开始活着了。我现在能够清晰地区分，以前感官没有打开的时候，自己确实少了那种真切活着的感觉。

过去我们往往习惯用大脑来评断世界，现在我们要充分地邀请自己身体的各个感官打开，像初生的婴儿一样，充满好奇地感受与观察这个世界，允许一切如其所是，感受它原来的样子，你会发现，它如此灵动与美好。

我曾在海边居住多年，在我印象的大海总是与蓝色、浪花、波涛等词汇相关联，而真切地到了海边也只是用各种已知的词去描述大海。

但当我带着静观的心走在海边时，竟然发现浪花像顽皮的孩子一波又一波冲向沙滩，它们翻滚着，追赶着，它们是有生命的，是灵动的。那一刻，触动我内心的也是大海此时的顽皮与灵动。我好像真能感到它的感受，与它同为一体，我的眼、耳、鼻、身体在此时与海相处的当下感到完全的愉悦，那一刻的满足与幸福真的无法言说。

当我开启了静观的能力，在感官的愉悦中就经常能品鉴到生活的各种美好，我也喜欢上了在自然中行走，体会万物的美与和谐；所以我也总能被自然滋养，心里面充满着喜悦、平静的幸福。

可以在以下这些时段，去打开感官感受幸福

如果你愿意的话，可以在下面几个时间段，打开感官来感知生活中的幸福。

（1）早晨刚醒来时。

我们在早晨刚醒来时，可以邀请自己不急于起床、冲到厨房，而是慢慢地感受身体苏醒的过程，比如伸伸腿、动动手指、轻轻地挪动身体，把我们的身体当成自己的朋友，带着好奇感受它的变化。

你也可以轻声对它问候：嗨，早上好！充满善意地、真诚地

感谢它的苏醒，让我们又能拥有新的美好的一天。

当我开始这样做时，我会发现我最大的不同：如果没有这样做，我会有一些焦虑的感觉；而这样做的时候，我的内心就充满了爱与享受当下美好的感觉。

（2）洗脸时。

洗脸时，你也可以尝试打开水龙头，静静地感受水慢慢流到手里，轻轻覆盖在面颊，冲洗走了一夜的微尘。我们不需要刻意到长江口或是珠峰下感受水的清澈与流淌，即便在生活中，只要打开感官，觉知当下，就能感受到水的欢畅与流动。当我们体会此时的感受时，身心也会不自觉地感到欢畅与流动，大家可以试试看。

（3）做早餐、享受早餐时。

面对厨房中五颜六色的食材，你也可以邀请自己静静地觉知当下：可以听听煎蛋吱吱啦啦的声音，看看锅里面冒泡的水汽弥漫在空中，闻闻烤箱里面包的香味，感受西蓝花绿绿的充满生机的样子，啜一口柠檬水从口到喉咙的滋润。

从容地、慢慢地享用早餐，当我们静下来时，你感受到了什么？当我们感受到食物正以最饱满的生命滋养着自己的身心时，我会升起一份感动与感恩。所以我经常会对我的家人说，做饭对我来说是最好的放松与幸福。也邀请你试试看。

（4）与孩子拥抱时。

早上当孩子与我告别时，我们的拥抱和亲吻，不需要那么仓促，静静感受拥在怀里面的那份联结与温暖，感受这份爱沁入我们的身心，通过身体的接触，瞬间产生化学分子亲密素，让我们充分地感受到满足。

通过抚摸、拥抱，我们感受到爱与被爱，不需要用语言；身体由于得到了深深的滋养而放松下来。

我特别喜欢这个动作，与女儿相拥使我深深地感到幸福与满足，她从小到大也特别享受这个过程。你也可以试试看。

（5）上班的路上。

上班的路上，当阳光洒在身上时，可以邀请自己在此时驻足，感受阳光的明亮、温暖。试想一下，我们的心是否会因这一刻的驻足而将所有的阴霾心情一扫而空呢？我最喜欢阳光洒满全身的感觉，充满温暖与幸福，不知你是否愿意试试看？

（6）夜幕降临时。

夜幕降临时，远眺夕阳，看着它就那么扑通跳入天的那边，天空拉上了神秘的暮色，此时你的内心升起了什么样的感受？我喜欢静静地看着那轮夕阳，此时我的心随着夜色而平静，平静中有种淡淡的幸福。也邀请你打开你的感官，体会这一刹那的美好与幸福。

这些年我体验到的真正的感官愉悦，不是不知其味的狼吞虎咽的一顿大餐，不是到处游走随处咔嚓下的照片，也不是完全沉浸在电视电影的娱乐中，而是真正把自己的感官打开，像与这世界第一次相遇的新的体验。

当我能够静观感知这个世界的时候，真切地体会到与它同在，那是相连在一起的愉悦与幸福。

生活中，每一个时刻都充满着新鲜与活力，当我们愿意开启身体的感官时，就找到了一扇通往幸福的大门，而这把钥匙恰好就在我们手里。

愿你也能开启感官，体验每时每刻的幸福，简单、易得，人人都可以拥有。

愿你幸福！

延伸阅读三
支持自己，爱上自己，在困难的时候托举自己

祁艳菲

海蓝博士第 87 位静修生

海蓝幸福家全项教练

全球静观自我关怀中心正式老师

国家二级心理咨询师

简介：在广告、公关、消费品行业深耕多年，2013 年 5 月参加海蓝博士静修生学习，在自助助人中找到人生价值，2013 年 7 月毅然辞职，在海蓝幸福家学习、践行。2014 年经考核成为海蓝幸福家全项教练。

愿每天叫醒你的不是闹钟，而是梦想

几年前，我做着一份看起来体面，但其实却充满挑战和压力的工作。每天早上起来，想到又要面对那些难以推进的项目和难以搞定的客户，我就觉得特别紧张。下班后，我还经常被挥之不去的办公室斗争搞得心绪难平。

想到未来几十年都要这样度过，这真的不是我要的生活。于是我开始寻求改变，开始学习。

当接触了心理学以后，发现这才是我真正喜欢而且有感觉的。于是我就跟随了很多老师，参加了各种各样的培训，苦心钻研，最后成了海蓝博士的学生，加入了海蓝幸福家，最终从一名学生成为一名幸福力教练。

现在我每天的工作依然很忙碌，当然也会感到疲倦，但最大的不同是，现在只是身体上的自然疲劳，只要休息一下，运动一下，放松一会儿就缓解了，心里不会再累，不会有纠结的感受。

当你每一天做的都是自己喜欢的事情时，你就不会觉得那是负担和任务，而变成了一种奖励。

我现在的状态就是，早上一醒来就会想：哇！太好了，今天又有需要咨询的案例，我又可以见证一个人的生命故事；或者是想到，今天又可以看心理方面的专业书籍，学一些新的方法，就觉得特别期待，而且感受到那种每天叫醒你的不是闹钟，而是梦想的状态。到了晚上，忙完了一天的工作，合上电脑，感受到又度过了充实的一天。

当我回望过去的一年，心里没有遗憾，因为我的每天都是踏踏实实地度过，每天我都在一点一点地成长。那不是一种把自己置身于忙碌带来的盲目的踏实，而是你真切地感知到，每天你的所作所为，都是遵从内心，施展了自己的所长，也是对社会、他人真的有价值、有贡献的。

正如《无问西东》中梅校长所说的：你做什么，和谁在一起，你看到什么，听到什么，有一种从心灵深处，满溢出来的不懊悔也不羞耻的平和与喜悦。我想，这就是目前我所感知到的状态了。这样的喜悦不仅来自工作，也来自与人的关系。

有一个人始终都会陪伴你，那就是你自己

说到亲密关系，我经常会想起一次经历。有一天，我和恋人从朋友家聚会回来，那是新年的凌晨，一路都打不到车，我们并肩走在冬天的上海的街头。走了 30 分钟，我整个人都要冻僵了，但奇怪的是，我的心里并不觉得冷。因为那一刻我心中所想，已然不是外在的严寒。我与爱人肩并肩，让我更深刻地体会到：爱情总会有炽烈与平淡，但我知道有人会与我一路走。

但后来，我们还是分开了，有很长一段时间，想到他，我都会很难过。

于是我不断地练习自我关怀，探索自己、成长自己，当一次次把关怀和爱给自己时，我从最开始的非常悲伤，到能体验到他曾经带给我的许多美好，那些爱慕、认可、支持，可以再度流淌在自己身上，即便他已经不在我身边，那种感受也没有消失。

而且，我知道，那种感受不再是来自外界，不再是来自别人对你说了什么、做了什么，而是源自内心，随时都能感受到的。无论你的爱人、父母、孩子，甚至宠物，终有一天都会离开你，生离或者死别，这是生而为人必然要经历的。但确定的是，有一

个人始终都会陪伴你，那就是你自己；而每个人，也是有能力，可以给予自己源源不断的爱的。

当你这样做时，你将更能敞开心扉接纳爱和给予爱。如此，你就不再那么害怕失去，或者依赖、执着；因为无论离开谁，失去谁，你还有一个 24 小时不下线，永远不会离开你的爱人，支持你、陪伴你。这会成为你巨大的底气和力量，让你能够更好地面对生活和情感中的各种起起伏伏。

助人才是最大的助己

非常幸运，我的工作性质决定了助人就是我日常工作的一部分。每一次见证一个生命的改变、绽放，是最让我兴奋的时刻，也是激励我不论有多少困难，都愿意一直坚持下去的动力。因为你会感受到，帮助对方的那一刻，是非常喜悦的。

而且我也越来越意识到，从更广阔的角度来讲，你也许不会知道，你的一个善行、一句善言，最终会发酵成多么巨大的影响。

就像在电影《无问西东》中，当年沈光耀开着飞机为孤儿们送粮食，让年幼的陈鹏得以生存下来；后来陈鹏长大成才，参与研发原子弹，让中国不再惧怕外敌侵略。

生命和世界就是这样关联着，也许你不知道你今天给别人的一个微笑，一个小小的帮助将来会产生什么样的结果，但这一份善意就像一颗种子一样，在不同的生命中传承，它会生根、发芽，一直生长下去。

试想一下，当你接受别人帮助的时候，一定会在心底默默地祝福帮助了你的人；再试想一下，当有很多接受过你帮助的人，都在内心为你祝福的时候，相信你的运气也不会坏到哪里去。也许你的一生来不及遇到一个无条件将你从深渊中托起的人，但请相信，你自己也可以成为这样的人——支持自己，爱上自己，在困难的时候托举自己。

每个人，每份力所能及的善意，都是让这个世界变得更好的积极力量，当我们这样做的时候，幸福也一定会离我们越来越近。

祝福大家，永远走在一条通往幸福的路上！

后 记

postscript

　　感谢十点读书的林少、廖仕健、郭巧、江小倩，与我们一起策划了这个可以有效助人的情绪课程；感谢问鼎堂的精心拍摄与制作；感谢每一集故事的主人，愿意分享自己内心的故事，以案例的方式帮助更多学习的人，并成为学习者们的榜样；感谢幸福家的所有教练，以及我的学生高原、高春林、陈一鸣、白雪、王华舜、邓芳芳、马欣、王丽、子墨、孙佳蕾、刘慧敏、林华、王敏敏、沈立、张姣姣、李秀梅、杨海莲、王婷婷、王设、陶思怡、周霞、高牧谣、师建珍、范燕……他们为课程的策划及服务贡献了自己的才华与热情，并持续地回到生活中继续践行、助人；感谢所有学习、践行了这个课程的人们，你们每放下一份痛苦与幸福的增长，都是让我继续前行的动力。

peace & love

2019 年 1 月 18 日

大家评论

praise for the book

读她的课程，会是你明智的选择

我向大家推荐海蓝博士，她是一位杰出又富有创新精神的心理学家和教育家，致力于帮助人们减轻痛苦、生活更幸福。她具有一个独特的能力，深入浅出地讲明理论，并将其变成可实际操作的方法和工具。再次推荐她的课程，这会是你明智的选择。

——Richard C.Schwartz 博士
（哈佛大学心理学家、部分心理学创始人）

海蓝博士的情绪课对很多人而言都是一份礼物

我与海蓝博士及她的团队正在密切合作，尝试将最新的有科学基础的理论研究融入培训课程，从而改变人的生活。我们正在哈佛医学院和中国同时进行这项研究。海蓝博士非常卓越，她的能量、创造力、关爱和内心的愉悦，对我和很

不完美
才美Ⅲ

多其他人而言都是一份礼物。通过现代科技的神奇力量，我希望数以百万的人能够体验海蓝博士的课程，同时也在他们的生活中体验这些课程带来的帮助。

——Christopher K.Germer 博士
（哈佛医学院心理学临床导师、"静观自我关怀"创始人）

懂得自我关怀，才有助于应对逆境

本书为如何应对困难情绪提供了宝贵的指导，包括如何通过自我关怀应对逆境。书中介绍的方法简单、易懂、易操作，并通过真实案例演示了这些方法的实际应用，它将帮助你以更健康、更充实的方式生活。

——Kristin Neff 博士（得克萨斯大学副教授、《自我关怀的力量》作者、"静观自我关怀"联合创始人）

只有善于管理情绪，才有助于缓解慢性疼痛

学会如何有效管理情绪不仅对获得幸福和改善关系至关重要，对于身体健康也极为重要。研究表明，许多慢性疼痛和与压力相关的病症是由情绪引起或维持的，如恐惧、悲伤、愤怒等。

海蓝博士将现代神经科学和心理疗法与传统智慧有机结合，是情绪管理的先驱者。她为读者提供了许多实用工具，

帮助大家摆脱慢性疼痛和压力，过上更丰富、更幸福、更圆满的生活。

——Ronald D. Siegel 博士 [哈佛医学院心理学副教授，
《背感：中止慢性背痛循环的革命性方法》(*Back Sense: A Revolutionary Approach to Halting the Cycle of Chronic Back Pain*) 作者]

如何更好地管理给你生活带来不好影响的情绪

本书为寻找实用情绪管理工具的读者提供了丰富的资源。海蓝博士针对最常困扰人的 12 种情绪，逐一剖析了情绪的起因和症状，演示了真实的案例梳理，并给出了简单易操作的工具来帮助读者管理情绪。心理创伤通常会给人们带来重大情绪困扰，本书为读者提供了切实可行的方法，更好地管理生活中跌宕起伏的情绪体验。

——Frank Guastella Anderson 博士（部分心理学基金会副理事长，曾任哈佛医学院精神病学临床讲师，《内在家庭系统技能培训手册——对焦虑、抑郁、PTSD 和上瘾的创伤治疗》作者）

你内心的每一部分，都是等待你去重逢的朋友

海蓝老师是处理情绪问题的专家，她的这 12 堂课，实打实地教你如何梳理自己的情绪。同时，跟随书中真实的案例，你也会洞悉一个不曾被你看见过的自己——所有曾被你嫌弃的、恐惧的、讨厌的自己，都是等待你去重逢的朋友。

——武志红（中国著名心理学家）

情绪不是你我对事情的反应，而是决定

情绪不是你我对事情的反应，而是决定。别人该不该用这种方式对待我是一回事，而我该不该因为他对待我的方式不合理，就大发雷霆，则是另外一回事。所以幸福达人会选择做情绪的主人，自己决定如何来回应生活中发生的事情。

我一直很欣赏海蓝博士，她通过这些年扎实的学习和实践，出版了这本含有直观和丰富案例的情绪梳理课书籍。如果想成为情绪的主人，这本书值得阅读、品味、温习。我衷心推荐给大家。

——张怡筠博士（著名情商教育专家）

情绪管理无疑是所有管理的基础

从某种意义上来说，我们每个人在其一生中都是从事着某种管理工作的"管理者"。而人的情绪管理无疑是所有管理的基础，同时也是难度分值极高的一种管理，它关乎"人"和"事"的"命运"。

海蓝博士《不完美，才美Ⅲ：海蓝博士的情绪梳理必修课》一书，通过真实的案例，条分缕析的说理、入木三分的点评、充满哲思的建议，将情绪管理的精义娓娓道来，让人掩卷沉思，回味无穷。

——孙祁祥（北京大学经济学院教授、北京大学博雅特聘教授）

"能控制好自己情绪的人，
比能拿下一座城池的将军更伟大。"

情绪管理是人掌控自我、提高生命质量和幸福指数不可或缺的能力。百分之九十以上的沟通高手都是出色的情绪管理者。

著名心理学家海蓝博士是我们大家的朋友，她的新书《不完美，才美Ⅲ：海蓝博士的情绪梳理必修课》将带我们渐入情绪管理、与人沟通的佳境。这是一本能给自己和他人带来幸福的书。

拿破仑说过，"能控制好自己情绪的人，比能拿下一座城池的将军更伟大。"

——孟晓驷（原中国文化部副部长、原全国妇联副主席）

这是一本教你如何爱具体之人的践行指南

特雷莎修女曾说过："当我们与世界相遇时，我们遇到的都是一个人，那个人或这个人。总之是具体的人，而不是抽象的人类。只有爱具体的人，才能真爱人类。"

确实，我们应该去爱周围那些与我们共同生活、工作，且为我们带来快乐以及烦恼的人。因为爱人类容易，爱一个人难；真正去帮助一个人，要比抽象地宣称爱一个人困难得多。

我推荐您阅读海蓝博士的新书——《不完美，才美Ⅲ：海蓝博士的情绪梳理必修课》，这是一本通过大量个体生命的真实多彩的案例来演示如何爱具体的人的践行指南。

从爱自己开始，从这个时刻都在亲历生命体验的活生生的自己出发，才能开启你爱他人的动力之源，真爱自己，才有能力真爱他人。

——刘晓力（中国人民大学杰出学者、特聘教授，
"哲学与认知科学跨学科平台"首席专家）

推荐此书给每一位想做事、做成事的人

俗话说，天有不测风云，人有旦夕祸福，喜怒哀乐乃人之常情。但若事事任性而为，则可能酿成大错，小则害人害己，大则祸国殃民。从这个意义上说，学习管理好自己的情绪绝非小事。

海蓝博士通过真人真事的叙述，将高深的神经学、心理学知识与人们的生活实际相联系，读起来生动、易懂，仔细品味则又深刻、隽永。我愿借此机会，将此书隆重推荐给每一位想做事、做成事的人。

——沙祖康（原联合国副秘书长）

只有学会与负面情绪做朋友，你才能做自己人生的主人

这是一个变化空前快速的时代，焦虑呈现出普遍性。焦虑

来自未来趋势的不确定，更来自对自身心态的难以控制。在生命的征途中，经常伴随而来的焦虑、担忧、恐惧、抑郁、迷惘、无价值感……这些都会阻碍你拥抱真实的幸福。

海蓝博士的这本书，帮助你拨开情绪的重重迷雾，每一堂课所传授的简捷有效的方法，都可以让你学习如何与负面情绪做朋友。当你学会梳理自己的各种情绪，你对自己、对生命中的重要关系、对未来都将变得清晰和主动，你将真正变成你自己人生的主人。

——徐井宏（清华大学教授、亚杰商会会长）

只有做情绪的主人，才能从迷惘中找到方向

这是一本把梦想照进现实的书，它让我回想起从青涩学徒到企业管理者这条坎坷之路中的每一次选择，只有做情绪的主人，才能从迷惘中找到方向。

书中针对当下人们在职场、亲密关系、亲子关系等各种关系中的焦虑与茫然，以极具普适性的真实案例形式，引导大家抽丝剥茧般地进行自我情绪梳理，以便我们发现自己的问题到底出在哪里，可以怎么做……

探索情绪的真相，找到自己的幸福动力，就能拨云见日，勇往直前，这正是海蓝博士在本书里要告诉我们的。

——江佩珍（广西金嗓子有限责任公司董事长）

读海蓝老师的书，我懂得了如何善待自己，善待他人

我喜欢海蓝老师，读了她的书，让我更清楚地认识了自己，懂得了如何善待自己，善待他人。我希望更多朋友跟我一样，从海蓝老师的书中获取人生的营养，成就自己和家人幸福的生活。

——任成（居然之家副总裁）

幸不幸福，关键看你能否拥有 hold 住自己情绪的能力

在我的人生历程中，走过很多地方，见过很多人，从华丽舞台到贫瘠山区，无论你是富甲天下的经济大亨，还是一无所有的草根百姓，无论哪个圈，总有紧皱眉头焦躁担忧的人，也有绽放快乐幸福的人。两者之间最大的不同，是能否拥有 hold 住自己情绪的能力，是否真正知道自己所需。

海蓝博士于专业领域多年耕耘，将先进心理科学理论方法与现实案例完美融合，形成的这一本《不完美，才美Ⅲ：海蓝博士的情绪梳理必修课》，可操作，有说服力，实实在在是一本提高抗挫力，让我们能真正学会如何管理情绪的实用工具书，是陷入情绪泥沼中的人们的及时雨，我喜欢！

——马艳丽（Maryma 时装定制品牌创始人）

情绪管理应该是我们人生的第一堂课

海蓝博士说过一句话，我印象深刻。她说，情绪管理应该是我们人生的第一堂课。的确如此，生活中情绪健康的人，往往拥有更充沛的精力，工作、学习效率更高，也更容易获得幸福感。

在十点课堂的平台上，有 10 万人跟着海蓝博士一起学习情绪管理课程。很多学员反馈，这门课对自己的人生帮助非常大，相见恨晚。现在海蓝博士将课程内容重新整理创作，集结成一本书。我希望有更多的人能阅读到这本书，遇见更好状态的自己。

——林少（十点读书创始人）

强烈推荐这本关于情绪的智慧之书

所有的情绪，都是内心的语言，告诉你关于健康、幸福，乃至生命的答案。而海蓝老师的《不完美，才美Ⅲ：海蓝博士的情绪梳理必修课》，带我们解码情绪的语言，静观、聆听、历事、练心；帮我们打碎内心的硬壳，和自己对话，与自己和解。强烈推荐这本关于情绪的智慧之书。

——廖仕健（十点读书副总裁、海蓝博士《揭开情绪的真相，把握关系中的主动权》课程策划人之一）

一本适合与自己的灵魂一起阅读的奇书

给灵魂充电的书很多，让灵魂放松的书很少，能洞悉自己灵魂的书更少，这是一本适合与自己的灵魂一起阅读的奇书。

你有多久没有和自己对话了？你有多久没有好好大哭一场了？你有多久没有开怀大笑了？被你忽略已久的灵魂很孤独、很受伤。

如果你想心疼自己的灵魂，如果你想治愈自己的灵魂，请来感受一下海蓝博士的文字，她会教你把每一个灰头土脸的日子过得元气满满，她会把开启幸福的钥匙递交到你自己的手里。一切都是最好的安排，转换心境，便是人生境界。

——钱婧（暖阳传媒董事长、暖阳基金发起人、最暖 App 创始人）

情绪平和是有效决策的关键

在媒体人眼里，这是一个内容至上的时代，我们常常为此而殚精竭虑。而海蓝博士的生命状态如此丰饶，拜读她的作品让我于字里行间收获了生命绽放的诗篇……

她的情绪管理方法经常在千钧一发间，让我受益匪浅。工作过程中我发现，情绪平和是有效决策的关键，也是让创意之翼自由翱翔的苍穹。

因为"海蓝"，使我的心灵天空变得更加湛蓝，以平静的心情拥抱世界。走入这本书，是你幸福的开端！

——杨晖（唯众传媒创始人、总裁）

相信每一课都能启迪你对待人生困境的智慧

海蓝老师是迄今为止我见过的最为智慧、温暖的人生导师，她用她全部的人生经历和沉淀，道出了生活的真谛：我们的情绪，是我们能否与工作、生活以及身边一切关系和谐相处的关键。

在这本书中，你将跟随海蓝老师的指引探索工作、生活中情绪的来源，了解情绪背后的故事，以及练习如何与一切不如意的情绪和谐相处。

你可以反复阅读、体会，相信每一课都能启迪你对待人生困境的智慧，帮助你找到走出困境的力量。

愿你也能够从中受益终身！

——徐晶晶

你想让自己的内心更宁静和谐吗？海蓝老师的最新力作可以让你达成愿望

情绪决定命运，你想成为情绪的主人吗？你想了解自己情绪背后的根源吗？你想让自己的内心更宁静和谐吗？海蓝老师的最新力作可以让你达成愿望！此书将通过各种生命故事和案例的呈现，让你了解情绪、接纳情绪、掌控情绪，从而成为情绪的主人，让你内心更宁静、生命更绽放！

——陈晴

坚强地走出痛苦的人，都无比珍贵

很多人喜欢看电影、电视剧，因剧中的人物照见了自己，满足了自己未满足的愿望。但是，生活却远远比电影、电视剧更加精彩。看到小伙伴的生活，我才真的照见了自己，一样的痛，连心脏都痛；一样的酸，连骨头、肌肉都酸。

想到课堂里的人，就是我们身边的人，邻家的人，他们也一样经历痛苦，他们也和我一般挣扎，他们也同样地在找寻方向，我便对自己的痛和酸，有了释怀，我便开始思考我的方向。

坚强地走出痛苦的人，都无比珍贵，同伴是珍贵的，你也是。珍爱自己的生命，就从这一刻，读到文字的这一刻开始。

——陈一鸣

感谢海蓝老师的课程和书，
让我的人生终于可以向着幸福起航了

2017 年 6 月份，我在十点课堂看到有海蓝老师的课程，特别兴奋，之前就看过《不完美，才美》的书，非常喜欢。

海蓝博士的课程里不但有各种科学实用的处理情绪的方法，还有海蓝幸福家静修生们自己的生命故事，这些活生生的故事和海蓝老师接地气的充满亲和力的讲解，让我也备受鼓励！

现在十点课堂里海蓝老师的课程仍然滋养着我的生命，并且随时给了我帮助，因此我也经常回看，每一次看收获的点都不一样。

这些课程，也让我开始走上了自我疗愈的道路，我从一开始的非常暴躁、焦虑、不接纳自己和他人，到现在学会静观自我关怀、接纳和欣赏自己、探索自己。非常感谢海蓝老师的课程和书，让我的人生终于可以向着幸福起航了！

——毕灵蕾

书中每个案例都深深地震撼着我，让我醍醐灌顶

我不是案例中的任何一个，但是，在每个主人公身上，我都看到了自己的影子，看到自己的过去和现在……

每个案例都深深地震撼着我，都让我反思！还有海蓝老师入木三分的解读，让我醍醐灌顶！

而且，不是我一个人有同样的感受。为何？

阅读海蓝老师的书，你可能会有更多震撼与共鸣，因为，真实的生命一定会影响生命！

——王丽

每个人的心灵原本就像一颗钻石

每个人的心灵原本就像一颗钻石，晶莹璀璨。但由于生活的种种经历和磨难，造成了许多的矛盾、纠结和痛苦，其实每个人情绪的背后都渴望被看见、被听见、被尊重、被理解、被接纳、被关怀、被爱……

这次学习海蓝老师的情绪管理课程，感触很深，受益匪浅。特别是课程中自我关怀、及时觉察、换位思考、调整认识等方法，学习以后，立刻就能用上，而且效果非常好！给人的感觉就像在迷惘中有一束温暖的光照亮了前方幸福的路。

感恩海蓝老师的情绪管理课程，感恩十点课堂为我们提供这么好一个学习和成长的平台。深深感恩亲爱的老师和教练们的引领和指导！老师和教练们都是非常好的灵魂医生！也希望更多的人通过学习，可以让自己的生命更加自由和绽放，活出属于自己的风采！

——志红

每个人都是自己最好的疗愈师

海蓝老师的《不完美，才美Ⅲ：海蓝博士的情绪梳理必修课》是我极力推荐的超值课程。到目前为止，我所知道的就已经有几千位小伙伴学习后受益，我也是其中一员。

焦虑、自卑、社交恐惧、害怕被拒绝、如何 hold 住坏脾气、如何缓解物质焦虑、如何经营亲密关系、如何放下旧爱、如何做出符合内心的选择，等等，一个个典型生动同时又是日常生活发生在我们身边的常见案例，凝聚着海蓝老师智慧心血。

海蓝老师说过，最了解自己的人是自己，最懂自己需求的人是自己，每个人是自己最好的疗愈师。现在把音频、视频以书本形式呈现给世人，太好啦！我相信，看了此书，很多困扰自己的情绪，小伙伴们就能自行梳理啦。

——寒冰

这本书会让人看到爱，看到人间很值得

这是一份来自海蓝博士的礼物，一本通俗实用的心理学著作，它教我们这些沉浮于世的人怎么幸福。在这里，没有晦涩难懂的理论，只有贴近生活的故事；没有空泛无用的鸡汤，只有切实可行的方法。

我希望把它推荐给每一个我爱的人，也推荐给每一个与我一样，每天活在各种喜怒哀乐、烦恼困惑中的平凡人。它会让人看到爱，看到人间很值得！

——叶菁薇

值得反复回味的书，因为都是内心深处真挚感人的声音

《不完美，才美Ⅲ：海蓝博士的情绪梳理必修课》是一本值得反复阅读、反复回味的书，每一个字都是生活的结晶，每一段话都值得细细思考，都是内心深处真挚的声音。我有幸与海蓝老师相遇，受益匪浅！感恩！

——胡欣

生活会因为你心境的改变而变得繁花似锦

《不完美，才美Ⅲ：海蓝博士的情绪梳理必修课》集中提炼了海蓝博士近二十年的心理学知识和案例梳理经验，其有效性和实用性已经被数以万计的订阅者证实。该课程不仅能有效地帮助大家走出情绪的困扰，活出真实自信的自己，还能帮助大家找到那个被情绪的阴影遮住，但原本如满月一样充满智慧、力量和爱的自己。

当你找到那个自己，你会发现包括你内在的每个部分都有很多资源和优势，都是那么善良和美好，都值得被尊重、被欣赏、被爱。生活也会因为你心境的改变而变得繁花似锦。

我也是这个课程的受益人之一，非常感恩海蓝老师的情绪课带给我的帮助和影响。真诚地把这本书推荐给大家，希望能有更多的人像我一样从中受益。

——刘慧敏

仿佛黑暗中突然亮起了一盏灯，让迷路的自己找到了方向

记得当初就在自己最无助、最迷惘、最渴望有人能指明方向的时候，看到了海蓝老师的 12 堂情绪梳理必修课——揭开情绪的真相，把握关系中的主动权，也许是命运的指引，也许是自己不甘心就这么浑浑噩噩地过完这一生的执拗劲头，冥冥中把自己一步步引入正确的人生旅程。

每一堂视频课、每一节音频课都敲击着内心的最深处，这不就是我想找的答案吗？这不就是我所有困惑的解码吗？仿佛黑暗中突然亮起了一盏灯，让迷路的自己找到了方向。

在每一个真实的案例中，仿佛都看到了自己的影子，通过案例的梳理和解构，不仅让我明白自己各种情绪的根源，而且学会当自己有情绪时该怎样正确面对。让我能够从现在开始慢慢学会真正了解自己，了解他人，从而踏上爱上自己、爱上他人的旅程！感恩遇见，让我的人生重新启程！

——郑文

老师的课就像一根魔棒一样，挥手之间一切都变了

九个月前，在我人生最失意低谷时，我邂逅了海蓝老师的十点课堂《揭开情绪的真相，把握关系中的主动权》，是这

堂价值连城的课，将我从深深的无价值感和相爱相杀的亲子关系中解救出来。

曾经的我，脾气暴躁，对老公怨气冲天，对女儿怒不可遏……真的变成了一个怨气十足的怨妇！现在回头想想，当时的我把源自内心深深的无价值感以最令人厌恶的方式给了我最爱的家人们，我跟一个手持利刃的疯子并无区别。

绝望中，挣扎中，我看到了老师的情绪课，如同着了魔一样反复听反复看。数次之后，我笑了，我的宝贝也变了！

老师的课就像一根魔棒一样，挥手之间一切都变了。真的就是这么神奇！

——曹金丽

自己才是自己生命的 CEO

在经历人生种种低谷（身体被掏空不能动、工作进入倦怠期、内在生命陷于崩塌的边缘）时，《揭开情绪的真相，把握关系中的主动权》让我看见了曙光。那一个个鲜活的案例，一个个简单可操作的方法（指南针法、剥洋葱法、拨云见日三步法、担忧拆弹法……）就像定海神针一样，招招击中要害。

海蓝老师从与自己的关系、工作关系、亲密关系等各个方面，360 度无死角地诠释了自己才是自己生命的 CEO。而且她就像神医一样，隔空把脉，告诉我们情绪的症结在哪里，同时也告诉我们怎么完成调整。

就是在一课一课的学习中，我开始不断地重建自己的内在系统，找到了核心价值，也一次次感受到了被松绑、被疗愈的感觉！

——牧谣

突然发现自己竟然好久没有挑剔别人了

以前看到一个人，总会先去找到那个人身上的缺点，告诉自己别人虽然好，但是什么地方还不如自己。现在明白了，这叫作自卑，是向外攻击；而在内心其实又对自己充满指责，觉得自己不好，这是向内攻击。更重要的是，从开始学习自我关怀以来，我坚持静观，突然发现自己竟然好久没有挑剔别人了，原来自己真的在爱上自己的路上进步了，感恩！

——安 * 意

不在意别人对自己的看法，也别太把自己当棵葱

感谢海蓝老师，听完您的课程后，突然好想抱抱自己，好久没有幸福的感觉了。原来我一直陷在物质欲望之中找那

片刻的满足，您引导我们应该做自己喜欢的事，不在意别人对自己的看法，自己也别太把自己当棵葱，放下过去，珍惜现在，不畏将来，帮助别人，利人利己！

——遗 *

谢谢海蓝老师的课程，让我不再孤单

听完 12 节课，每一节课程讲述的不幸都在我身上发生着。30 多岁了，一片迷惘！听了海蓝老师的课程，我感同身受，每一段讲述都让我泪流满面。面对生活一时喘不过气来，无数次觉得自己不适应这个世界，但不想让孩子长大后也没人爱、没人关心、对世界绝望，我还是坚强地活着。谢谢海蓝老师的课程，让我不再孤单！

——有 ** 天

年过半百，遇到海蓝博士真是人生的一大幸事

是的，情绪的梳理太重要了。所有的关系中，特别是亲密关系中，情绪管理是第一要务。年过半百，遇到海蓝博士真是人生的一大幸事。

——台灯暖心

图书在版编目（CIP）数据

不完美，才美.Ⅲ/海蓝博士著.——北京：北京
联合出版公司，2019.2（2024.1重印）

ISBN 978-7-5596-2896-1

Ⅰ.①不… Ⅱ.①海… Ⅲ.①人生哲学－通俗读物
Ⅳ.①B821-49

中国版本图书馆CIP数据核字（2019）第000622号

不完美，才美 Ⅲ

著　　者　海蓝博士
责任编辑　李　伟
项目策划　紫图图书 ZITO®
监　　制　黄　利　万　夏
特约编辑　马　松　黄小玉　焦雪晶
营销支持　曹莉丽
装帧设计　紫图装帧

北京联合出版公司出版
（北京市西城区德外大街83号楼9层　100088）
艺堂印刷（天津）有限公司印刷　新华书店经销
字数260千字　880毫米×1270毫米　1/32　14印张
2019年2月第1版　2024年1月第9次印刷
ISBN 978-7-5596-2896-1
定价：59.90元
